ライブラリ理学・工学系物理学講義ノート=4

熱・統計力学
講義ノート

森成 隆夫 著

サイエンス社

● 編者まえがき ●

　二十世紀前半での量子力学や相対論の成立によりミクロな世界の解明が進み，二十一世紀に入った今日，その影響が情報インフラや医療現場までおよび，グローバルに社会を革新しつつあります．この「社会を変えた学問」の基礎に広い意味の物理学の考え方が浸透しているのです．現在，物理学の基礎を学ぶ意義はこういう広範な科学や技術に広がった課題に対処する能力を身につけることにあります．素粒子や宇宙やハイテクなどの先端研究に至る入門として物理学を学ぶと考えるのは狭すぎます．それだけが物理学を学ぶ動機ではないのです．社会のいろいろな新しい職業で，物理学を修めた人材の活躍が求められているのです．

　物理学の特徴の一つは数理的な手法です．現実を数理の世界にマップして，その論理操作に基づいて，さまざまな現象を統一的に理解したり，事象を予測することが可能となり，逆に，現実を操作することも出来るのです．数理経済学や統計学も数理的手法ですが，現実が複雑過ぎて単純でなく，また情報科学も数理ですが，言語が対象のため現実との対応が複雑です．その点，身体的感覚で繋がっている物理的現象を通じて，現実を数理の世界にマップする訓練は実感があり，数理化の能力が一番身につくのです．

　AI など情報処理能力のインフラが実現している現在，物理現象だけでなく，諸々の現象を，数理的に扱うことが次代の学問になります．このための数理にのるモデルの構成などの課題で，物理現象を数理に置換える物理学の訓練が大事になります．長年にわたって練り上げられた革新的な思考法である物理学の学習はこうした外向きの効果をも持っているのです．意欲ある諸君のこの挑戦に，本「ライブラリ理学・工学系物理学講義ノート」が役立つことを願っています．

2017 年 2 月

佐藤文隆（京都大学 名誉教授）
北野正雄（京都大学 大学院工学研究科 教授）

＊本ライブラリでは ISO 80000-2:2009, JIS Z8201 などの標準において推奨される表記法にしたがい，虚数単位 i, 微分 d, ネピア数 e などをローマン体で表記しております．

まえがき

　本書は著者の京都大学での熱力学と統計力学の講義経験をもとに著した，熱力学と統計力学の教科書である．同様の教科書はこれまで多数出版されているが，一部の教科書にみられるように両者を融合して記述することは避け，熱力学と統計力学を並列して記述した．

　前半の熱力学では，熱という非常に身近な現象を扱う．熱力学を学ぶと，車のエンジン効率の理論的限界を知ることができ，なぜエアコンの室外機が必要なのかがわかる．また，温度の違いによって物質の安定な状態が異なることを理解でき，高校で学ぶ理想気体では扱うことのできない，気体の液化についても定量的な議論が可能になる．このような実用的な意義に加えて，熱力学がもつ非常に重要な意義がその普遍性である．現代的な熱の理解は原子や分子の運動だが，熱力学は熱の起源の詳細に依存しない，普遍的な法則を確立する．このため，熱力学は物理学の理論体系の中で最も適用範囲が広い．また，エントロピー増大の原理として定式化される熱力学第2法則は，物理法則の中で最も普遍的で盤石な法則といえる．

　本書の後半は統計力学である．統計力学では，原子や分子の運動を基礎として，熱力学で対象とする巨視的な現象を記述することを目標にする．熱力学において，理想気体の状態方程式は熱力学の体系の外から与えられた方程式だが，統計力学ではこれを導出することができる．統計力学を学ぶことで，巨視的な現象を根本から理解することが可能になる．

　熱力学の部分は，理工系の大学一年生が理解できる内容である．統計力学の部分を理解するためには，エントロピーや熱力学関数など，熱力学の基礎的な知識を必要とする．最初から通読するのが標準的な読み方だが，熱力学の知識がある読者はいきなり統計力学の部分から読み始めても差し支えない．

　本書の構成は以下の通りである．1章では，熱力学の基礎と熱力学第1法則を述べている．熱力学がどういった系を対象とするのか，また，熱力学における熱の定義は何かといった点を明らかにする．2章では，熱力学において中心

的な役割を演じるエントロピーを導入する．エントロピーを用いない熱力学第2法則の表現から出発し，一般的な系においてエントロピーという状態量が存在することを示す．ここで重要な役割を演じるのが，熱機関の効率の限界とも関連するカルノーの結果である．3章では，熱力学関数を導入して，様々な状況における熱平衡条件と変化の過程を論じる．また，熱力学の応用として，気体-液体相転移について述べる．

4章以降が，統計力学である．まず，統計力学の基礎的な考え方を述べ，統計力学においてエントロピーがどのように表現されるかを学ぶ．5章は，温度が一定の条件下での統計力学である．分配関数，大分配関数と，熱力学で現れる物理量の関係を学ぶ．粒子が波として振る舞う量子力学的効果が重要となる場合には，この章で学ぶ大正準分布の考え方が不可欠になる．6章では，粒子における量子力学的効果が重要な量子気体を扱う．7章では，相転移について述べる．

本文を読み進める上で必要となる数学公式については付録Aにまとめてある．また，統計力学の定式化で重要な役割を演じる解析力学については付録Bを参照していただきたい．統計力学では，古典力学に従う系と同様に量子力学に従う系も対象とする．量子力学については，付録Cに簡単にまとめてある．

各章末には演習問題を含めた．中には少し難しい問題もあるが，本文を補足する問題もあるのでぜひ挑戦していただきたい．本書を学ぶことで，熱力学と統計力学，両方の魅力を感じてもらえれば，著者として幸いである．

本ライブラリの編者である佐藤文隆先生，北野正雄先生には，原稿に目を通していただき，多くの貴重なアドバイスを頂戴した．京都大学大学院人間・環境学研究科の木下俊哉先生および吉田鉄平先生には，実験データの図を提供していただいた．大学院生の須田智晴氏には，原稿のミスや改善点などを指摘していただいた．これらの方々のご助力に心よりお礼申し上げる．最後に，本書の企画段階から出版までたいへんお世話になったサイエンス社編集部長の田島伸彦氏，足立豊氏に厚くお礼申し上げる．

2017年2月

森成隆夫

目　　次

第1章　熱力学の基礎と第1法則　　　　1

1.1　熱力学とは？ 1
1.2　熱力学で扱う対象 2
1.3　示　量　変　数 4
1.4　内部エネルギー 4
1.5　状　態　方　程　式 5
1.6　変　化　の　過　程 7
1.7　示　強　変　数 8
1.8　熱力学第1法則 9
　　　第1章　演習問題 12

第2章　熱力学第2法則とエントロピー　　　　15

2.1　熱力学第2法則 15
2.2　熱機関とその効率 18
2.3　カルノーサイクル 20
2.4　クラウジウスの不等式 24
2.5　エ　ン　ト　ロ　ピ　ー 27
2.6　エントロピー増大の原理 31
2.7　理想気体の断熱自由膨張 32
　　　第2章　演習問題 34

第3章　熱力学関数と熱力学の応用　　　　36

3.1　熱　力　学　関　数 36
3.2　マクスウェルの関係式 40
3.3　変化が起きる向きと熱平衡条件 42
3.4　気体-液体相転移 48
　　　第3章　演習問題 58

第4章 統計力学の原理 — 62

- 4.1 統計力学とは？ … 62
- 4.2 ミクロな自由度の運動方程式と位相空間 … 63
- 4.3 時間平均と位相平均 … 66
- 4.4 等重率の原理 … 67
- 4.5 状態数 … 68
- 4.6 状態数と統計力学的エントロピー … 70
- 4.7 小正準分布の応用 … 71
  - 4.7.1 理想気体 … 71
  - 4.7.2 古典的調和振動子 … 73
  - 4.7.3 量子力学的調和振動子 … 75
  - 第4章 演習問題 … 77

第5章 正準分布と大正準分布 — 79

- 5.1 正準分布の導出 … 79
- 5.2 分配関数と熱力学関数 … 81
- 5.3 正準分布の応用 … 82
  - 5.3.1 理想気体 … 82
  - 5.3.2 古典的調和振動子 … 83
  - 5.3.3 量子力学的調和振動子 … 84
  - 5.3.4 1次元イジング模型 … 85
- 5.4 エネルギーのゆらぎ … 87
- 5.5 大正準分布とその導出 … 88
- 5.6 大分配関数と熱力学関数 … 91
- 5.7 フェルミオンとボソン … 95
  - 5.7.1 状態の占有数 … 96
  - 5.7.2 ボース粒子系とフェルミ粒子系の大分配関数 … 97
  - 第5章 演習問題 … 101

目　次　　　vii

第6章　フェルミオン系とボソン系 — 103

- 6.1 理想ボース気体 …… 103
- 6.2 理想ボース気体におけるボース-アインシュタイン凝縮 …… 105
- 6.3 理想フェルミ気体と金属の自由電子模型 …… 108
- 6.4 空洞放射 …… 113
- 6.5 固体比熱のデバイ模型 …… 116
-     第6章 演習問題 …… 123

第7章　相転移 — 125

- 7.1 強磁性転移の平均場理論 …… 125
- 7.2 自由エネルギー …… 132
- 7.3 ゆらぎの効果 …… 133
- 7.4 相関関数とゆらぎ …… 136
-     第7章 演習問題 …… 138

付録A　数学公式 — 141

- A.1 偏微分 …… 141
- A.2 線積分 …… 142
- A.3 全微分 …… 143
- A.4 積分公式 …… 148
  - A.4.1 Γ 関数 …… 148
  - A.4.2 ζ 関数 …… 149
- A.5 スターリングの公式 …… 150
- A.6 ランダウの記号 …… 151
- A.7 ラグランジュの未定乗数法 …… 152
-     付録A 演習問題 …… 154

付録B 解析力学 —— 155

- **B.1** 最小作用の原理 155
- **B.2** ラグランジアンとハミルトニアン 156
  - 付録B 演習問題 160

付録C 量子力学 —— 161

- **C.1** 光は粒子であり波である 161
- **C.2** ド・ブロイ波とシュレーディンガー方程式 162
- **C.3** ディラックのブラ・ケット記法 169
  - 付録C 演習問題 171

演習問題解答　　172

さらに勉強するために　　184

参 考 文 献　　186

索　　引　　187

第1章 熱力学の基礎と第1法則

熱力学の基本的な事項を簡単にまとめる．熱力学がどのような系を対象とするかを明確にし，熱力学で扱う変数を定義する．熱力学における理想化された変化の過程である準静的過程を定義し，熱力学第1法則によって熱を定義する．

1.1 熱力学とは？

人類の発展を支えてきた最大のもののひとつは，人力に代わる仕事の担い手である．[1] 産業革命以前は，牛や馬などの家畜が農作業や土木作業などにおいて重要な役割を果たしてきた．このような家畜よりも便利な動力源として，18世紀に蒸気機関が登場し，人類に飛躍的な進歩をもたらした．

熱を利用して仕事をする蒸気機関は**熱機関**の一種である．また，最も使いやすいエネルギーの形態である電気エネルギーを生成する機関としても，熱機関が利用される．部屋の温度を快適に保つエアコンにも熱機関と同様の原理が働いている．

外部から得た熱によって仕事をする熱機関について，その効率に限界はあるだろうか．どのような熱機関を設計すれば，最大の効率が得られるであろうか．また，得た熱をすべて仕事に変換することは可能であろうか．一方，熱に関係する現象は日常的に経験する．水は冷やすと $0°C$ で氷になり，逆に熱すると $100°C$ で水蒸気になる．なぜ温度が異なるだけで，物質の状態が変わるのであろうか．

熱力学を学ぶと，これらの疑問にすべて答えることができる．そして，この強力な熱力学の根幹にある法則が**熱力学第2法則**であり，熱力学第2法則を表現するのに最も適した物理量が**エントロピー**である．しかも，熱力学第2法則は，物理法則の中で最も普遍的で盤石な法則であると考えられている．

熱力学はもちろん，熱に関係する物理現象を扱う体系である．しかし，熱その

ものの記述については，熱力学は非常に抽象的である．この点が初学者にとって理解しにくい．そのため，原子や分子の考え方が適宜用いられることになる．現代では熱の本質が，原子や分子の運動であることはほとんど常識である．♣1

　しかし，歴史をひもとくと，熱力学の体系が整備されていった過程では，熱の本質は不明なままだったのである．そのため，熱力学の発展過程では紆余曲折があったが，熱力学の体系は熱の本質が何であるかによらない普遍的な体系となっている．以下で熱力学の体系を記述していくが，この点に留意して読み進めていただきたい．♣2

1.2 熱力学で扱う対象

　一般に，物理的な性質を明らかにしようとする対象を**系**とよぶ．系は，原子，分子，電子，光子などの粒子から構成されている．♣3 系の物理的な性質としては，系の構成要素である個々の粒子の性質と，粒子全体の振る舞いから生じる性質とがある．**熱力学**では，粒子全体の振る舞いから生じる性質を考察の対象とする．系がどのような粒子から構成されているか，また，粒子間にどのような相互作用が働いているかといった詳細によらない，普遍的な法則を見出すことが，熱力学のひとつの目標である．個々の粒子の性質と，粒子全体の振る舞いを関係づけることは，第4章以降で論じる**統計力学**の目標である．

　粒子全体の振る舞いから生じる性質は，気体の圧力や体積，温度といった**熱力学変数**によって記述される．ここで，少数個の粒子については，圧力や体積といった量は定義できないことに注意しよう．熱力学変数は，系の粒子数 N が十分大きい場合にのみ定義できる．

　具体的に，直径 10 cm のゴム風船の中に含まれる気体分子を考えよう．1.5節で述べる理想気体の状態方程式を用いると，常温，常圧のもとでこのゴム風船の中には，$N \sim 10^{22}$ 個の気体分子が含まれていることになる．では，N を

♣1 ノーベル物理学賞受賞者のリチャード ファインマンは，人類のすべての科学知識が失われ，たったひとつの文章しか次の世代に残せないとしたときに，何を伝えるかという問に，万物が原子から構成されていることと述べている．

♣2 熱力学の歴史については，参考文献[2]を参照されたい．

♣3 必ずしも粒子として記述されない場合もありえるが，話を簡単化するためにこのように仮定する．

どんどん小さくしていくとどうなるであろうか.気体の分子数が少なくなってくると,熱力学変数である圧力が時間的に変動するようになる.また,ある領域では圧力が高く,別の領域では圧力が低いといったように,圧力が空間的に不均一になる.熱力学では,熱力学変数の時間的変動や空間的不均一が生じないほど N が大きい系を対象とする.このような系を**熱力学的な系**とよぶ.以下で,系といったときは,熱力学的な系を意味する.

熱力学的な系の条件を明確にするために粒子数 N を用いたが,熱力学では N よりも**物質量** $n = N/N_A$(単位は mol)を用いるほうが便利な場合が多い.ここで $N_A = 6.022 \times 10^{23}$ mol^{-1} は**アボガドロ定数**である.

着目している系を取り巻く環境を**外界**とよぶ.系と外界との相互作用により,様々な状況がありえる.そのような外界との相互作用を考える前に,最も単純な系として,まずは外界の影響が無視できる系を考える.このような系を**孤立系**とよぶ.孤立系では,系と外界の間にエネルギーや粒子のやりとりがない.また,系と外界の境界は固定されている.♣4

孤立系において,すべての熱力学変数が時間によらず一定で空間的に均一な状態が実現したとする.このような状態を**熱平衡状態**とよぶ.熱平衡状態では,熱力学変数の値が一意的に決まる.このため,熱力学変数を**状態変数**ともよぶ.

考察の対象となる熱力学的な系に,熱平衡状態が存在するかどうかは決して自明ではない.しかし,熱力学の範囲内ではこの点を吟味することはできない.熱力学では,熱平衡状態にある系のみを考察の対象とする.熱平衡状態から逸脱した状態は考えない.

例題 1.1　(**孤立系**)　身の回りにあるもので,孤立系の例を挙げよ.

[**解**]　魔法瓶の中の液体や,発泡スチロールの容器内にあるものは孤立系とみなせる.魔法瓶は2重構造となっており,間の領域が真空に近くなっている.

♣4境界として具体的な壁を考えると,系と壁の間の相互作用が問題になりえる.しかし,壁が十分薄ければ,系の熱力学的性質が系の粒子数 N に比例するのに対して,壁の影響は系の表面積に比例し $N^{2/3}$ のオーダーである.そのため,壁との相互作用の効果は無視することができる.孤立系を考える場合には,このような相互作用が問題にならないような理想的な境界を想定する.なお,壁が厚くなり,壁がもつエネルギーが系と同じオーダーになってくると壁の効果が無視できなくなる.

ペアガラスも同様の構造である．発泡スチロールは，密度が小さく熱を伝えにくい．　　　　　　　　　　　　　　　　　　　　　　　　　　　　　　　　　□

1.3 示量変数

　圧力が P で体積が V の気体の系を考える．粒子数を N，温度は T とし，系は孤立系であると仮定する．系を2等分して，2つの部分系に分けたとしよう．すると，それぞれの部分系の体積は $V/2$，粒子数は $N/2$ となって，もとの系の半分の値になる．このように，系を n 個の等価な部分系に分けたとき，値が $1/n$ 倍になる状態変数を**示量変数**とよぶ．また，部分系での示量変数の値をすべて加えると系全体の示量変数の値が得られる．示量変数のこの性質を，**相加性**とよぶ．

　一方，部分系の圧力は P，温度は T だから，もとの系と同じ値である．このように，系と部分系で値が変わらない状態変数を**示強変数**とよぶ．示量変数は系と部分系とで値が異なる．しかし，示強変数は系と部分系とで同じ値をとる．このため，示強変数では両者を区別することができない．この意味で，示量変数のほうが示強変数よりも基本的な量であるといえる．示強変数については改めて 1.7 節で述べる．

1.4 内部エネルギー

　系のエネルギーについて考えよう．風船に封入された空気は，風船の結び目を開放すると，勢いよく外へ飛び出してくる．この空気の流れを使って風車を回すことができるから，風船内に閉じ込められていた空気は，何らかのエネルギーをもつ状態にあったことがわかる．

　そこで，系がもつエネルギーを定義したい．この定義を考える上で，前節で述べたように，示強変数だけでは系と部分系を区別することができない点に注意しよう．系を n 等分したとき，部分系のエネルギーは系全体のエネルギーの n 分の1になる．したがって，系のエネルギーは少なくとも1つの示量変数を変数として含まなければならない．

　3.1 節で述べるように，系のエネルギーは示量変数と示強変数の組み合わせ

次第で様々なものがある．熱力学の体系を基礎づける上で最も基本的なエネルギーは，示量変数のみの関数として表される**内部エネルギー**である．系の示量変数が $X_1, X_2, ..., X_n$ のとき，内部エネルギー U は次式で与えられる．

$$U = U(X_1, X_2, ..., X_n) \tag{1.1}$$

気体や流体の場合には

$$U = U(X, V, N) \tag{1.2}$$

と書ける．V が体積で，N が粒子数である．X はもう1つの示量変数であり，2.5節で，エントロピーであることを示す．

高校の物理で習うように，単原子分子の理想気体の内部エネルギーは，気体の温度を T，気体の物質量を n，**気体定数**を $R = 8.31 \, \mathrm{J \cdot mol^{-1} \cdot K^{-1}}$ として，$U = 3nRT/2$ で与えられる．一見，この表式は，式 (1.2) の形をしていない．しかし，1.7節でみるように，T は示量変数のみの関数として表すことができるため，両者の間に矛盾はない．式 (1.2) に対応する具体的な表式は，2.5節の式 (2.47) で示す．

1.5 状態方程式

熱力学変数の間に成り立つ関係式を**状態方程式**とよぶ．理想気体の状態方程式は，気体の物質量を n として次式で与えられる．

$$PV = nRT \tag{1.3}$$

理想気体は実在の気体を簡単化したモデルである．実在気体の温度が高温で密度が低いとき，式 (1.3) は気体の状態をよく記述する．

例題 1.2　（理想気体の状態方程式）　1辺が $10 \, \mathrm{cm}$ の立方体の容器がある．この容器内に封入された空気の圧力が $P = 1.0 \times 10^5 \, \mathrm{Pa}$，温度 $T = 300 \, \mathrm{K}$ のとき，この容器内の空気の質量を求めよ．また，気体分子数を求めよ．ただし，空気の平均分子量を 29 とする．

[解]　空気を理想気体として扱う．容器内の空気の物質量 n は，状態方程式 (1.3) より

$$n = \frac{PV}{RT} = \frac{1.0 \times 10^5 \, \text{Pa} \times 10^{-3} \, \text{m}^3}{8.31 \, \text{J} \cdot \text{mol}^{-1} \cdot \text{K}^{-1} \times 300 \, \text{K}} = 4.0 \times 10^{-2} \, \text{mol} \tag{1.4}$$

この結果は気体の種類によらないことに注意しよう．

よって，容器内の空気の質量は $n \times 29 \, \text{g/mol} = 1.2 \, \text{g}$．気体分子の数は $nN_A = 2.4 \times 10^{22}$ 個となる． □

実在気体における，気体分子間の引力相互作用と気体分子の大きさの効果を取り入れた状態方程式が**ファン・デル・ワールス状態方程式**であり，

$$\left(P + \frac{an^2}{V^2}\right)(V - nb) = nRT \tag{1.5}$$

で与えられる．ここで a, b は**ファン・デル・ワールス定数**とよばれる定数である．a, b は実験的に決めることができ，例えば水素については $a = 0.0247 \, \text{Pa} \cdot \text{m}^6 \cdot \text{mol}^{-2}$，$b = 2.66 \times 10^{-5} \, \text{m}^3 \cdot \text{mol}^{-1}$ である．

> **例題 1.3**（ファン・デル・ワールス定数） 水素のファン・デル・ワールス定数を用いて，以下の問に答えよ．
> (1) $(b/N_A)^{1/3}$ を求めよ．
> (2) $n = 4.0 \times 10^{-2} \, \text{mol}$ のとき，nb と $P_a = an^2/V^2$ を求めよ．ただし，$V = 1.0 \times 10^{-3} \, \text{m}^3$ とする．また，P_a の物理的な解釈を述べよ．

[解]

(1) b/N_A は水素原子1個あたりの体積と解釈できて，

$$\frac{b}{N_A} = \frac{2.66 \times 10^{-5} \, \text{m}^3 \cdot \text{mol}^{-1}}{6.02 \times 10^{23} \, \text{mol}^{-1}} = 4.42 \times 10^{-29} \, \text{m}^3 \tag{1.6}$$

となる．この結果より

$$\left(\frac{b}{N_A}\right)^{1/3} = (44.2)^{1/3} \times 10^{-10} \, \text{m} = 3.54 \times 10^{-10} \, \text{m} \tag{1.7}$$

(2) $nb \simeq 1.1 \times 10^{-6} \, \text{m}^3 = 1.1 \, \text{cm}^3$．この体積は，$n = 4.0 \times 10^{-2} \, \text{mol}$ の水素分子の大きさを足し合わせた体積と解釈できる．また，

$$P_a = \frac{an^2}{V^2} = \frac{0.0247 \times (4.0 \times 10^{-2})^2}{(1.0 \times 10^{-3})^2} \,\text{Pa} \simeq 40 \,\text{Pa} \tag{1.8}$$

一方，式 (1.5) より

$$P = \frac{nRT}{V - nb} - P_a \tag{1.9}$$

と書ける．よって，気体分子間の引力的な相互作用によって $P_a \simeq 40$ Pa だけ，圧力が減少する． □

　この例題で示したように，常温，常圧のもとでは，水素のファン・デル・ワールス定数 a, b による補正はわずかである．しかし，3.4 節で述べるようにファン・デル・ワールス状態方程式は液体状態を記述することができる．この点は，理想気体と著しく異なる点である．ファン・デル・ワールス状態方程式によって気体を液化する条件を明らかにすることができる．

　物質が磁石としての性質をもつとき，その物質を**磁性体**とよぶ．磁石としての性質は，以下に述べる**磁化**によって表される．外部磁場が存在するときのみ磁化が有限になる磁性体を**常磁性体**とよぶ．外部磁場が存在しなくても，磁化が有限である磁性体を**強磁性体**とよぶ．鉄やコバルトは強磁性体の例である．

　磁性体が示す磁石の性質は，物質内に存在する個々の電子が，小さな磁石として振る舞うことに起因する．電子は荷電粒子であり，自転に相当する角運動量（**スピン**とよばれる）が有限なため，小さな磁石として振る舞う．これら小さな磁石の向きがそろうことで，系は磁石としての性質をもつようになる．系がどれだけ磁石としての性質をもっているか，その度合いを表すのが磁化である．系の磁化を M，磁束密度を B とすると，常磁性体の状態方程式は，

$$M = \frac{C}{T} B \tag{1.10}$$

で与えられる．C は定数であり，常磁性体内に存在するスピンの数に比例する．

1.6 変化の過程

　熱力学変数の値が異なる 2 つの熱平衡状態を考える．一方を始状態，他方を終状態として，始状態から終状態へ系の状態を変化させる過程を考えたい．しかし，変化の過程を具体的に考えようとすると，すぐに困難に気づく．熱力学では熱平衡状態しか扱うことができない．ところが，熱力学変数を少しでも変

化させると，熱平衡状態から逸脱してしまう．♣5 そこで，熱力学変数を実際に変化させると考えるのではなく，始状態と終状態の間に無数に存在している熱平衡状態を仮想的にたどっていく過程を導入する．このような過程を**準静的過程**とよぶことにする．特に，温度が一定の準静的過程を**準静的等温過程**，外界と仕事以外のエネルギーのやりとりがない準静的過程を**準静的断熱過程**とよぶ．

現実の過程は，もちろん準静的過程ではないため，ずれが生じる．このずれについては，2.5節のエントロピーの項で説明する．また，変化の過程を考える上で，過程が**可逆**か**不可逆**かという点も重要である．逆向きの変化の過程が可能な場合を**可逆過程**とよぶ．例えば準静的に行う等温過程や，準静的に行う断熱過程は可逆過程である．逆向きの変化が不可能な場合を**不可逆過程**とよぶ．例えば気体の断熱自由膨張は不可逆過程である．両者を明確に区別するにはエントロピーが必要となるので，この2つの区別については2.6節のエントロピー増大の原理の項で述べる．

準静的過程とは限らない以下の過程を定義しておく．2つの熱平衡状態について，それぞれの熱力学変数の値の差が無限小の場合を**無限小過程**とよぶ．最初の状態から変化させて，別の状態を経て，もとの状態に戻るような過程を循環過程あるいは**サイクル**とよぶ．外界から熱を得て，外へ仕事をするエンジンなどの熱機関はサイクルである．

1.7 示強変数

それぞれの示量変数には，対応する**示強変数**が存在する．この対応関係を**共役**な関係とよぶ．示量変数 X_j に共役な示量変数を x_j とすると，x_j は内部エネルギーの表式 (1.1) を用いて次式で定義される．

$$x_j = \lim_{h \to 0} \frac{U(X_1, ..., X_j + h, ..., X_n) - U(X_1, ..., X_j, ..., X_n)}{h} = \frac{\partial U}{\partial X_j} \quad (1.11)$$

ここで右辺の微分は X_j についての**偏微分**を表す．偏微分については付録A.1に

♣5例えば，ピストンがついたシリンダー内に封入された気体を考え，ピストンをわずかに移動させたとする．このとき，ピストンの近傍における気体の密度は，他の領域と異なる値になるであろう．このため，熱平衡状態として扱えなくなってしまう．

まとめてある．偏微分を計算する上で，X_j の無限小変化を考える必要があるが，この無限小変化は準静的過程のもとで考える．すなわち，$U(X_1, X_2, ..., X_j + h, ..., X_n)$，$U(X_1, X_2, ..., X_j, ..., X_n)$，いずれも熱平衡状態での値である．式 (1.11) が示強変数の定義であるが，U が示量変数のみの関数だから，x_j も示量変数のみの関数として表せる．

例として，気体の圧力は

$$-P = \frac{\partial U}{\partial V} \tag{1.12}$$

で与えられる．示量変数である体積 V に共役な示強変数は圧力 P である．符号は P の定義によるものであり本質ではない．示量変数である粒子数 N に共役な示強変数は**化学ポテンシャル** μ であり次式で定義される．

$$\mu = \frac{\partial U}{\partial N} \tag{1.13}$$

1.8 熱力学第 1 法則

熱力学の教科書でありながら，これまで熱の定義を与えていない．熱力学において，熱はどのように定義されるだろうか．この熱の定義を与えるのが，**熱力学第 1 法則**である．熱力学第 1 法則は，熱を含めたエネルギー保存則と解釈することもできる．

熱力学的な系を考え，この系の示量変数を変化させることによって，外界から系に仕事 ΔW を与える．このときの内部エネルギーの変化分を ΔU とすると，**熱**の定義は次式で与えられる．

$$\Delta Q = \Delta U - \Delta W \tag{1.14}$$

U の増加分である ΔU のうち，ΔW 以外からもたらされる分を ΔQ としている．ΔQ が系に与えられた熱量である．なお，変化の過程は準静的過程でなくてもよい．

式 (1.14) は

$$\Delta U = \Delta Q + \Delta W \tag{1.15}$$

と書いてもよい．このように書くと熱を含めたエネルギー保存則とよぶべき式になる．

内部エネルギー U の変化分が無限小の場合，変化分を dU と書くと，式 (1.14) は

$$dU = d'Q + d'W \tag{1.16}$$

となる．ここで微分で用いる d という記号と区別して，d′ という記号を導入している．数学的には d という記号は**全微分**を表すときに用いる．一方，d′ という記号は**不完全微分**を表すときに用いる．ある物理量 X の無限小量が dX と書けるとき，dX を全微分とよぶ．このとき，X の変化分は変化の過程によらず，変化前の状態と変化後の状態によって一意的に決まる．このような量を**状態量**とよぶ．

付録 A.3 に示したように，無限小量

$$A(x,y)dx + B(x,y)dy \tag{1.17}$$

が全微分である条件は次式で与えられる．

$$\frac{\partial A}{\partial y} = \frac{\partial B}{\partial x} \tag{1.18}$$

式 (1.18) が成り立てば，式 (1.17) を全微分とよび，ある関数 $f(x,y)$ が存在して

$$df = \frac{\partial f}{\partial x}dx + \frac{\partial f}{\partial y}dy = A(x,y)dx + B(x,y)dy \tag{1.19}$$

と書くことができる．

式 (1.18) が成り立たない場合には，式 (1.17) を不完全微分とよぶ．この場合には，式 (1.19) と区別して

$$d'g = A(x,y)dx + B(x,y)dy \tag{1.20}$$

と書く．

例題 1.4 （**理想気体における全微分，不完全微分**）　定積モル比熱が C_V の物質量 n の理想気体がある．内部エネルギーは，温度を T として $U = nC_V T$ で与えられる．ここで C_V は定数とする．圧力を P，体積を V とすると，V の変化によって外から系に与えられる仕事は $d'W = -PdV$ である．このとき，$d'Q = dU - d'W$ が不完全微分であることを示せ．また，$d'Q/T$ が全微分であることを示せ．

[解] 式 (1.16) より

$$d'Q = dU - d'W = dU + PdV = nC_V dT + \frac{nRT}{V}dV \tag{1.21}$$

T と V を変数とみなすと,右辺の第 1 項について

$$\frac{\partial}{\partial V}(nC_V) = 0 \tag{1.22}$$

であるが,第 2 項については

$$\frac{\partial}{\partial T}\left(\frac{nRT}{V}\right) = \frac{nR}{V} \tag{1.23}$$

となるから

$$\frac{\partial}{\partial V}(nC_V) \neq \frac{\partial}{\partial T}\left(\frac{nRT}{V}\right) \tag{1.24}$$

よって,条件 (1.18) をみたさないから $d'Q$ は不完全微分である.一方,(1.21) の両辺を T で割ると

$$\frac{d'Q}{T} = \frac{nC_V}{T}dT + \frac{nR}{V}dV \tag{1.25}$$

右辺について

$$\frac{\partial}{\partial V}\left(\frac{nC_V}{T}\right) = 0 = \frac{\partial}{\partial T}\left(\frac{nR}{V}\right) \tag{1.26}$$

が成り立つから $d'Q/T$ は全微分である. □

この例題の結果から,ある状態変数 S が存在して

$$\frac{d'Q}{T} = dS \tag{1.27}$$

と書くことができる.S がエントロピーである.理想気体の場合に限らず,一般の場合にこの式が成り立つことを 2.5 節で示す.

第1章 演習問題

演習 1.1 図 1.1 に示したように，なめらかに動くふたがあるシリンダーに気体が封入されている．圧力を大気圧に保ちながら気体をヒーターで熱し，温度を 0°C から 100°C まで変化させた．気体の体積の測定結果を $V = aT + b$ の1次関数で近似したところ，$a = 3.43 \times 10^{-6}$ m^3/°C，$b = 9.34 \times 10^{-4}$ m^3 となった．この結果から，$V \to 0$ となる温度を求めよ．

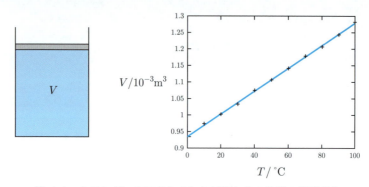

図 1.1 シリンダー内に封入された気体とその体積の温度変化

演習 1.2 長さ ℓ の固体の線膨張率は，温度が ΔT だけ変化したときの長さの変化分を $\Delta \ell$ として，$\alpha = \frac{\Delta \ell}{\ell \Delta T}$ によって定義される．293 K における線路のレールの線膨張率を $\alpha = 1.1 \times 10^{-5}$ K^{-1} とする．α が温度によらず一定として，温度が 10 K 上昇したときに 200 m のレールの長さはどれだけ変化するか．

演習 1.3 断面積が 10 mm^2，長さ 5 cm の細長い管の中に，水銀が封入されている．20°C のとき，管を立てると水銀は下から 3 cm の高さまで入っていた．温度が 1 K 上昇したとき，水銀の液面の高さはどれだけ変化するか．20°C における水銀の体積膨張率を 0.18 K^{-1} とする．

演習 1.4 熱気球を半径 10 m の球として考え，ゴンドラ部分やバーナーなどを含めた気球の機体の全質量を 500 kg とする．大気圧が 1.0×10^5 Pa，気温が 300 K のとき，球内の空気の温度を何 K 以上にすれば気球は浮くことができるか．空気の平均分子量を 29 とする．

演習 1.5 定積モル比熱が C_V の理想気体を考える．
(1) 定圧モル比熱を C_P とする．$C_P = C_V + R$ となることを示せ．この関係式を**メイヤーの関係式**とよぶ．
(2) $\gamma = \frac{C_P}{C_V}$ を**比熱比**とよぶ．断熱過程において，PV^γ および $TV^{\gamma-1}$ が一定であることを示せ．

(3) 体積が V_1 圧力が P_1 の状態から体積が V_2 圧力が P_2 の状態に変化する断熱膨張過程において，気体が外へする仕事を求めよ．

演習 1.6 物理量 n の理想気体において，図 **1.2** に示す次の 2 つの過程 $C_1: A \to C$, $C_2: A \to B \to C$ を考える．定積モル比熱を C_V とする．過程 C_1 は温度 T_A の等温過程，過程 $A \to B$ は，体積 V_A の定積過程，過程 $B \to C$ は，圧力 P_B の定圧過程である．

(1) C_1, C_2 それぞれの過程で，系が外界から得る熱量が異なることを示せ．
(2) C_1, C_2 それぞれの過程にそって，$\dfrac{d'Q}{T}$ を積分すると同じ値が得られることを示せ．

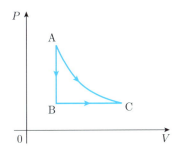

図 **1.2** 理想気体の等温過程 AC と，定積過程 AB および定圧過程 BC による過程

演習 1.7 常磁性体の内部エネルギーは $U = C_0 T$ で与えられる．ここで，C_0 は定数とする．磁化 M は C を定数として，式 (1.10) で与えられる．この常磁性体について，$d'Q = dU - BdM$ が不完全微分であることを示せ．また，$\dfrac{d'Q}{T}$ が全微分であることを示せ．

コラム：気体の液化

　気体の液化を精力的に試みたのは，ファラデーである．1823 年，彼は「く」の字に曲がったガラス管の一端に塩素化合物を入れ加熱し，塩素を発生させ，他端を氷で冷やすことで，塩素を液化することに成功した．このように高圧と低温の状況を作り出す方法により，彼は二酸化炭素やアンモニアなどの液化にも成功した．[3]

　その後，気体を液化する技術は進歩していったが，気体を液化する条件については手探り状態であった．1860 年代，アンドルーズが二酸化炭素について，31°C 以上の温度では圧力をどのように変化させても液化できないことを見出した．この温度を**臨界温度**とよぶ．そして，1873 年，ファン・デル・ワールスが理想気体の状態方程式を修正して，ファン・デル・ワールス状態方程式 (1.5) を博士論文として提出した．この理論に基づき，オランダの物理学者ヘイケ カメルリング オネスが，最後まで液化できなかったヘリウムの液化に成功し，1910 年，ファン・デル・ワールスは気体の状態方程式についての業績によりノーベル物理学賞を受賞している．オネスの実験では，ジュール–トムソン効果（3 章の演習問題 3.3 参照）を用いてヘリウムの液化が行われたが，ファラデーの実験と同様，ガラス管の中が高圧になるため，非常に危険な実験であった．

　気体の液化の発展は，低温技術の進展をもたらし，低温物理学への扉を開いた．1911 年，オネスは水銀を極低温まで冷やし，電気抵抗が消失する**超伝導**を発見した．この業績により，オネスは 1913 年のノーベル物理学賞を受賞している．

第 2 章
熱力学第 2 法則とエントロピー

この章では，熱力学において中心的な役割を演じるエントロピーを導入する．熱機関の効率には，理論的な限界が存在する．カルノーサイクルを用いて，熱機関の最大効率の問題を明らかにし，この熱機関の最大効率の結果がエントロピーの定義と密接に関係していることを述べる．

2.1 熱力学第 2 法則

前章で述べた熱力学第 1 法則は，熱力学における熱の定義を与える法則である．もしくは，熱を含めたエネルギー保存則である．この章で述べる熱力学第 2 法則は，状態が変化する方向を示す法則である．熱力学第 2 法則により，与えられた条件のもとで熱平衡状態がどのようにして定まるかが明らかになる．また，2 つの系を接触させたときに，どのような変化が生じるかがわかる．熱力学第 2 法則は，1 つの**熱源**♣1 のみを用いて作動する熱機関，第 2 種永久機関が存在しないことと同値である．もし第 2 種永久機関が存在したとすると，世界のエネルギー問題は一挙に解決するが，そんなことはありえない．すなわち，熱力学第 2 法則は物理法則の中で最も盤石な法則ということができる．[6]

熱力学第 2 法則にはいくつかの互いに同値な表現がある．いちばん汎用性の高い表現が「エントロピー増大の原理」である．しかし，まだエントロピーの正確な定義を与えていない．そこで，エントロピーを用いない**熱力学第 2 法則**の表現として，以下の 2 つの表現を示す．

> **クラウジウスの原理** 低温度の系から高温度の系へ，他に何の変化も伴わずに熱が移動することはない．

♣1 着目している系に対して十分大きく，系に熱エネルギーを供給する役割をもつ外部の系を熱源とよぶ．

> **トムソンの原理** 1つの熱源のみから得た熱を，他に何の変化も伴わずにすべて仕事に変えることは不可能である．

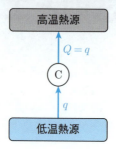

図 **2.1** クラウジウスの原理．
　　　　サイクル C が低温熱源から熱 q を得て，高温熱源へ熱 $Q = q$ を移動させたとすると，$q \leq 0$ である．

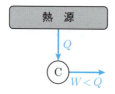

図 **2.2** トムソンの原理．
　　　　サイクル C が 1 つの熱源から熱 Q を得て，外へした仕事を W とすると，$W = Q$ となることはない．必ず無駄になる熱が存在して，$W < Q$ となる．

2つの表現に共通する，「他に何の変化も伴わずに」という但し書きは，最初の状態からもとの状態に戻るサイクルを用いるということである．

クラウジウスの原理を図示すると**図 2.1** になる．高温熱源と低温熱源があったとする．低温熱源から高温熱源へ，他に何の変化も伴わずに，q だけの熱量が移動したとする．クラウジウスの原理は，$q > 0$ となることが不可能なことを述べている．つまり，$q \leq 0$ であり，高温熱源から低温熱源へ熱が移動する．

トムソンの原理を図示すると**図 2.2** になる．**図 2.2** のサイクル C では，熱源から得た熱 Q によって外へ仕事 W をする．C はサイクルだから，1回のサイクルを経た後で内部エネルギーの変化はない．よって，熱力学第1法則から

$W = Q$ となる.このようなことは不可能である,というのがトムソンの原理である.熱源から得た熱のうち,必ず無駄になる熱が存在する.そのため,$W < Q$ となるのである.トムソンの原理により,ひとつの熱源から得た熱をすべて仕事に変える第2種永久機関の存在が否定される.

クラウジウスの原理は日常の経験から当然のように思えるが,トムソンの原理は少しわかりにくいかもしれない.両者の関係をみるために,次の例題を考えてみよう.

> **例題 2.1** （トムソンの原理とクラウジウスの原理1） トムソンの原理が成り立つならば,クラウジウスの原理も成り立つことを示せ.

[**解**] 背理法を用いて示す.クラウジウスの原理が成り立たないと仮定する.この仮定より,2つの熱源,高温熱源 R_H と低温熱源 R_L があるとき,低温熱源 R_L から高温熱源 R_H へ熱 q (> 0) を移動させる熱機関 C が存在する.図 2.3 に示したように,これら2つの熱源 R_H と R_L を用いて作動する通常の熱機関 C′ を導入する.熱機関 C′ を作動させるとき,低温熱源 R_L へ放出する熱量が q になるように調節する.熱機関 C′ が外へする仕事は,熱力学第1法則より $W = Q - q$ である.一方,熱機関 C と熱機関 C′ を合わせた系全体で,高温熱源 R_H から得た熱量は $Q - q$ となる.また,低温熱源 R_L から得た正味の熱量はゼロである.よって,ひとつの熱源 R_H から得た熱のみを用いて,他に何の変化も伴わずに外へ仕事をしていることになる.これはトムソンの原理に反する.よって,背理法によりクラウジウスの原理が成り立つ. □

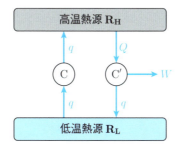

図 2.3 クラウジウスの原理に反する熱機関と通常の熱機関の組み合わせ

この例題により，トムソンの原理が成り立てば，クラウジウスの原理も成り立つということがわかった．逆に，クラウジウスの原理が成り立てば，トムソンの原理が成り立つこともいえる．この証明には，2.3 節で述べるカルノーサイクルが必要になるので後述する．

2.2 熱機関とその効率

熱源から熱を得て，外へ仕事をする機関を**熱機関**とよぶ．一般的な熱機関を考え，この熱機関が外界から得る熱量を Q，熱機関が外へする仕事を W とすると，トムソンの原理から，$W = Q$ となる熱機関は存在しないから，$q = Q - W$（> 0）だけ無駄になる熱が存在する．熱機関が得た熱量 Q のうち，仕事 W になる割合を η とすると

$$W = \eta Q \tag{2.1}$$

η を熱機関の**効率**とよび，次式で定義される．

$$\eta = \frac{W}{Q} = \frac{Q-q}{Q} = 1 - \frac{q}{Q} \tag{2.2}$$

図 2.4 に示した物質量 n の理想気体によるサイクルについて効率を求め，その上限を考えてみよう．図 2.4 のサイクルは，1，3 の定圧過程と 2，4 の定積過程からなる．定数 a は，$a > 1$ とする．理想気体としては 2 原子分子を考えよう．定積モル比熱は $5R/2$，定圧モル比熱は $7R/2$ である．

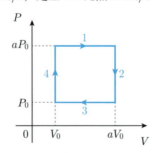

図 2.4 2 原子分子理想気体によるサイクル

このサイクルが外界から熱を得る過程は，過程 1 と 4 である．過程 1，4 での温度変化を，それぞれ ΔT_1，ΔT_4 とする．過程 1 は定圧変化だから，系が外界から得る熱量 Q_1 は定圧モル比熱を用いて，$Q_1 = 7nR\Delta T_1/2 = 7a(a-1)P_0V_0/2$．

過程4は定積変化だから，系が外界から得る熱量 Q_4 は定積モル比熱を用いて，$Q_4 = 5nR\Delta T_4/2 = 5(a-1)P_0V_0/2$．一方，系が外界へする仕事 W は，過程1，2，3，4で囲まれる面積を考えて $W = (a-1)^2 P_0 V_0$．よって，このサイクルの効率 η は

$$\eta = \frac{W}{Q_1 + Q_4} = \frac{2(a-1)}{7a+5} = \frac{2}{7} - \frac{24}{7(7a+5)} \tag{2.3}$$

$a > 1$ だから，$\eta < 2/7 = 0.28...$ であることがわかる．ゆえに，このサイクルの効率の上限は約30%である．

実際に用いられている熱機関として，ガソリンエンジンを考えてみよう．ガソリンエンジンのサイクルは，図 **2.5** に示した**オットーサイクル**によって表される．♣2 点 A でガソリンが爆発して，急激に圧力が上昇し点 B に到達する．過

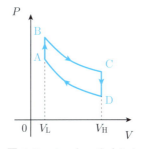

図 **2.5** オットーサイクル

程 AB は定積過程として考える．過程 BC は，外へ仕事をする過程である．点 B から点 C へ急速に変化するとして，過程 BC は断熱過程とみなす．過程 CD で外へ排気する．この過程も定積過程として考える．過程 DA はピストンが慣性で戻る過程であり，この過程も断熱過程とみなす．

作業物質である空気の物質量を n，空気の定積モル比熱を C_V，点 A，B，C，D における温度をそれぞれ T_A，T_B，T_C，T_D とする．ガソリンエンジンが外から熱を得る過程は過程 AB である．この過程で得る熱量を Q とすると，$Q = nC_V(T_B - T_A)$．過程 CD において，外へ熱を捨てる．捨てる熱量を q とすると，$q = nC_V(T_C - T_D)$ である．よって，効率を η とすると，式 (2.2) より

♣2ガソリンエンジンの作業物質は空気で，ガソリンの燃焼が高温熱源となる．図 **2.5** では，ガソリンの吸入過程と排気後に慣性でピストンが戻る過程は省略している．

$$\eta = 1 - \frac{q}{Q} = 1 - \frac{T_C - T_D}{T_B - T_A} \tag{2.4}$$

右辺の各温度を知ることは困難だから，別の量を用いて書き換えよう．過程 BC と過程 DA は断熱過程だから，$T_B V_L^{\gamma-1} = T_C V_H^{\gamma-1}$ および $T_A V_L^{\gamma-1} = T_D V_H^{\gamma-1}$ が成り立つ．ここで空気の定圧モル比熱を C_P として，$\gamma = C_P/C_V$ である．

これらの式を用いて，式 (2.4) を書き換えると

$$\eta = 1 - \frac{T_C - T_A V_L^\gamma / V_H^{\gamma-1}}{T_C V_H^{\gamma-1}/V_L^{\gamma-1} - T_A} = 1 - \left(\frac{V_L}{V_H}\right)^{\gamma-1} \tag{2.5}$$

この式から，V_H/V_L を大きくすればいくらでも効率が高くなりそうである．しかし，燃焼過程の問題などにより，$V_H/V_L = 9 \sim 12$ が上限である．このため，実際のガソリンエンジンの効率は，$\eta = 20 \sim 30\%$ となっている．[9]

2.3　カルノーサイクル

　熱力学を用いると，驚くべきことに熱機関の最大効率を求めることができる．以下にこれを示そう．高温熱源と低温熱源の 2 つの熱源を用いて作動する熱機関を考える．

　図 2.6 に示したように，2 つの準静的等温過程 AB，CD と 2 つの準静的断熱過程 BC，DA からなる**カルノーサイクル**を考える．

　熱機関の最大効率の存在を，以下の手順で示す．

(1)　理想気体を作業物質とするカルノーサイクルの効率 η が，高温熱源の温

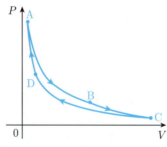

図 2.6　理想気体のカルノーサイクル．
　　　　過程 AB および CD は準静的等温過程，過程 BC，DA は
　　　　準静的断熱過程である．

度を T_H, 低温熱源の温度を T_L として次式で与えられることを示す.

$$\eta = 1 - \frac{T_L}{T_H} \tag{2.6}$$

(2) 次に2つの熱源を用いて作動する熱機関の中で, 可逆なサイクルが最大の効率をもつことを示す.

(3) カルノーサイクルは可逆なサイクルなので, 理想気体の場合に求めた式 (2.6) が求める最大の効率となる.

なお, 章末の演習問題 2.5 で示すように, 3 つ以上の熱源を用いたとしても, カルノーサイクルの効率 (2.6) を超えることができない. ゆえに, (2.6) が熱機関の最大効率となる.

さて, 理想気体を作業物質とするカルノーサイクルの効率を η とする. このカルノーサイクルが等温過程 AB で高温熱源から得る熱量を Q, 等温過程 CD で低温熱源へ放出する熱量を q とすると, η は式 (2.2) で与えられる.

効率を求めるために Q と q を計算しよう. 理想気体の定積モル比熱を C_V とすると, 内部エネルギーは温度のみに依存する式で書けて, $dU = nC_V dT$ となる. 等温過程では $dT = 0$ だから, $dU = 0$. よって, 熱力学第 1 法則より

$$d'Q = PdV = \frac{nRT}{V}dV \tag{2.7}$$

状態 A での体積を V_A, 状態 B での体積を V_B とすると過程 AB は温度 T_H の等温過程だから

$$Q = \int_{V_A}^{V_B} dV \frac{nRT_H}{V} = nRT_H \log \frac{V_B}{V_A} \tag{2.8}$$

同様に, 状態 C での体積を V_C, 状態 D での体積を V_D とすると過程 CD は温度 T_L の等温過程だから

$$-q = \int_{V_C}^{V_D} dV \frac{nRT_L}{V} = nRT_L \log \frac{V_D}{V_C} \tag{2.9}$$

q の定義から, 左辺に負号がついていることに注意しよう. この 2 式を式 (2.2) に代入して

$$\eta = 1 - \frac{nRT_L \log(V_C/V_D)}{nRT_H \log(V_B/V_A)} = 1 - \frac{T_L}{T_H} \frac{\log(V_C/V_D)}{\log(V_B/V_A)} \tag{2.10}$$

一方,理想気体の断熱過程において,1章の演習問題1.5で示したように $TV^{\gamma-1}$ が一定である.よって,断熱過程 BC において次式が成り立つ.

$$T_H V_B^{\gamma-1} = T_L V_C^{\gamma-1} \tag{2.11}$$

また,断熱過程 DA において次式が成り立つ.

$$T_H V_A^{\gamma-1} = T_L V_D^{\gamma-1} \tag{2.12}$$

この2式について,辺々割り算して対数をとり,両辺を $\gamma-1$ で割ると

$$\log \frac{V_B}{V_A} = \log \frac{V_C}{V_D} \tag{2.13}$$

この式を式 (2.10) に代入して,式 (2.6) を得る.

理想気体を作業物質とするカルノーサイクルの効率が求まったので,次に可逆なサイクルが最大の効率をもつことを示そう.

高温熱源と低温熱源の2つの熱源を用いて作動する,2つのサイクルCおよびC$_0$を考える.Cは可逆とは限らない任意のサイクル,C$_0$ は可逆なサイクルとする.図 **2.7** に示したように,サイクル C が高温熱源から得る熱量を Q,低温熱源へ捨てる熱量を q,外へする仕事を W とする.

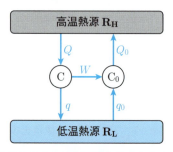

図 **2.7** 任意のサイクルと可逆なサイクルの組み合わせ

サイクル C の効率を η とすると効率の定義式 (2.1) と熱力学第1法則より

$$W = \eta Q = Q - q \tag{2.14}$$

サイクルCを作動して得られる仕事 W によって,可逆なサイクルC$_0$ を逆回しする.このとき,低温熱源から奪う熱量を q_0,高温熱源へ移動させる熱量を Q_0 とする.サイクル C$_0$ の効率を η_0 とすると,効率の定義 (2.1) と熱力学第1法則より

$$W = \eta_0 Q_0 = Q_0 - q_0 \tag{2.15}$$

式 (2.14) と式 (2.15) より

$$\eta Q = \eta_0 Q_0 \tag{2.16}$$

さて,サイクル C とサイクル C_0 の 2 つを組み合わせた全体を 1 つのサイクルとみなそう.すると,全体として低温熱源から $q_0 - q$ を奪って,高温熱源へ $Q_0 - Q$ を移動させていることになる.クラウジウスの原理より,$Q_0 - Q \leq 0$ だから

$$Q_0 \leq Q \tag{2.17}$$

両辺に η (≥ 0) をかけて式 (2.16) を代入し,両辺を Q_0 (≥ 0) で割ると

$$\eta \leq \eta_0 \tag{2.18}$$

ゆえに,任意のサイクルの効率は可逆なサイクルの効率以下である.もしサイクル C が可逆であれば,サイクル C_0 を作動させて得られる仕事によってサイクル C を逆回しすることができる.上の議論を繰り返すことにより,$\eta_0 \leq \eta$ が示せる.よって,サイクル C が可逆のとき

$$\eta = \eta_0 \tag{2.19}$$

となる.すなわち,すべての可逆なサイクルの効率は等しい.以上より,可逆なサイクルは 2 つの熱源を用いて作動するサイクルの中で最大の効率をもち,任意の可逆なサイクルは等しい効率をもつことが示された.

この結果と,可逆なサイクルであるカルノーサイクルの効率が式 (2.6) で与えられることを用いると任意の可逆サイクルの効率は,次式で与えられる.

$$\eta_0 = 1 - \frac{T_L}{T_H} \tag{2.20}$$

例題 2.2 (トムソンの原理とクラウジウスの原理 2) クラウジウスの原理が成り立つとすると,トムソンの原理も成り立つことをカルノーサイクルを用いて示せ.

[**解**] 例題 2.1 と同様に,背理法を用いて示す.まず,トムソンの原理が成り立たないと仮定する.この仮定より,ひとつの熱源 R_H から得た熱量 Q (> 0) のみを用いて外へ仕事をする熱機関 C が存在する.熱源 R_H よりも低温の熱源 R_L を導入する.図 **2.8** に示したように,熱機関 C で得た仕事 $W = Q$ を用いて,カルノーサイクル C_0 を逆回しする.カルノーサイクル C_0 が熱源 R_H へ放出する熱量を Q_0,熱源 R_L から得る熱量を q_0 とする.熱力学第 1 法則より,$W = Q_0 - q_0$ である.一方,$W = Q$ だから,$Q_0 - Q = q_0$ となる.よって,低温熱源 R_L から高温熱源 R_H へ他に何の変化も伴わずに熱量 $Q_0 - Q$ が移動したことになる.これはクラウジウスの原理に反する.したがって,背理法により,トムソンの原理が成り立つ. □

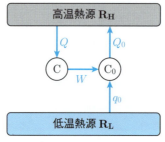

図 **2.8** トムソンの原理に反する熱機関とカルノーサイクルの組み合わせ

この例題と例題 2.1 の結果から,トムソンの原理とクラウジウスの原理が同値であることがわかる.

2.4 クラウジウスの不等式

前節の結果を用いて,エントロピーを定義する基礎となるクラウジウスの不等式を示そう.式 (2.18) に式 (2.2) と式 (2.20) を代入して整理すると

$$\frac{Q}{T_H} + \frac{-q}{T_L} \leq 0 \tag{2.21}$$

Q は高温熱源から得る熱量,$-q$ は低温熱源から得る熱量である.一般に,n 個の熱源を用いて作動するサイクル C を考える.j 番目の熱源の温度を T_j,サイクルが j 番目の熱源から得る熱量を Q_j とすると,

2.4 クラウジウスの不等式

$$\sum_{j=1}^{n} \frac{Q_j}{T_j} \leq 0 \tag{2.22}$$

が成り立つ．この不等式を**クラウジウスの不等式**とよぶ．

クラウジウスの不等式は次のようにして証明できる．n 個の熱源 R_j（$j = 1, 2, ..., n$）を用いて作動する熱機関 C を考える．熱機関 C が熱源 R_j から得る熱量を Q_j とする．Q_j は正，負のどちらもありえる点に注意しよう．熱機関 C が外へする仕事を W とすると

$$W = \sum_{j=1}^{n} Q_j \tag{2.23}$$

である．

ここで，温度 T の補助熱源 R を導入する．図 **2.9** に示したように，熱源 R_j と熱源 R の間で作動するカルノーサイクル C_j を導入し，熱源 R から得る熱量を Q_j' とする．カルノーサイクル C_j を調節して，熱源 R_j へ捨てる熱量を Q_j にする．カルノーサイクル C_j が外へする仕事 W_j は

$$W_j = Q_j' - Q_j \tag{2.24}$$

となる．なお，$W_j < 0$ の場合には，外から仕事をされることになる．

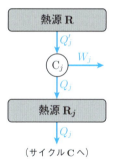

図 **2.9** 熱源 R と熱源 R_j の間で作動するカルノーサイクル C_j

熱機関 C と n 個のカルノーサイクル $C_1, C_2, ..., C_n$ を合わせた全体で外へする仕事は，式 (2.23) と式 (2.24) より

$$W + \sum_{j=1}^{n} W_j = \sum_{j=1}^{n} Q_j' \tag{2.25}$$

よって，全体として 1 つの熱源 R から熱量 $\sum_{j=1}^{n} Q_j'$ を得て，それをすべて仕

事に変えていることになる．ゆえに，トムソンの原理より

$$\sum_{j=1}^{n} Q'_j \leq 0 \tag{2.26}$$

一方，カルノーサイクル C_j の効率の式より

$$\frac{-Q_j}{T_j} + \frac{Q'_j}{T} = 0 \tag{2.27}$$

が得られるから，

$$Q'_j = \frac{Q_j}{T_j} T \tag{2.28}$$

式 (2.26) と式 (2.28) より

$$\sum_{j=1}^{n} \frac{Q_j}{T_j} T \leq 0 \tag{2.29}$$

両辺を T で割って，クラウジウスの不等式 (2.22) を得る．

一般のサイクル C の場合には，T_j が連続的に変化する温度 T に，Q_j が $d'Q$ に置き換えられて，式 (2.22) は次の積分形になる．

$$\oint_C \frac{d'Q}{T} \leq 0 \tag{2.30}$$

例題 2.3 （積分形のクラウジウスの不等式） 物質量 n の理想気体による図 2.10 のサイクルを考える．過程 AB は等温過程，過程 BC は定圧過程，過程 CA は定積過程である．定積モル比熱と定圧モル比熱をそれぞれ C_V，$C_P = C_V + R$ とする．クラウジウスの不等式 (2.30) が成り立つことを示せ．

[解] 過程 AB は等温過程だから，$d'Q = PdV$．よって，$d'Q/T = PdV/T = nRdV/V$．過程 BC は定圧過程だから，$d'Q/T = nC_P dT/T = nC_P dV/V$．過程 CA は定積過程だから，$d'Q/T = nC_V dT/T = nC_V dV/V$．ゆえに，

$$\oint \frac{d'Q}{T} = nR \int_{V_1}^{V_2} \frac{dV}{V} + nC_P \int_{V_2}^{V_1} \frac{dV}{V} + nC_V \int_{P_1}^{P_2} \frac{dP}{P}$$
$$= nR \log \frac{V_2}{V_1} + n(C_V + R) \log \frac{V_1}{V_2} + nC_V \log \frac{P_2}{P_1}$$

$$= nC_V \log\left(\frac{P_2 V_1}{P_1 V_2}\right) = 0$$

したがって，クラウジウスの不等式 (2.30)（の等号が成立する場合）が成り立つ．なお，定積過程，定圧過程を可逆にするには，無限個の熱源が必要である点に注意しよう． □

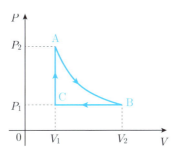

図 2.10 理想気体の等温過程 AB，定圧過程 BC，定積過程 CA からなるサイクル

2.5 エントロピー

前節のクラウジウスの不等式の結果を基礎として，一般の系のエントロピーを定義しよう．理想気体の場合には，全微分となる条件を手がかりとして熱量とエントロピーを関係づける式 (1.27) を導出することができた．ここでは，一般の孤立系についてエントロピーを定義する．

孤立系において，図 **2.11** の左図に示した任意の可逆なサイクル C を考える．サイクル C は 2 次元平面上のサイクルとして表現されているが，高次元空間であってもよく，また，熱力学変数としてどんな変数を想定してもよい．サイクル C は可逆だから，式 (2.30) において等号が成り立ち，

$$\oint_C \frac{d'Q}{T} = 0 \tag{2.31}$$

さて，このサイクル C を図 **2.11** の右図に示したように，サイクル C 上の 2 点 A，B によって 2 つの可逆過程 C_1 と C_2 に分割する．式 (2.31) は次のように書き換えられる．

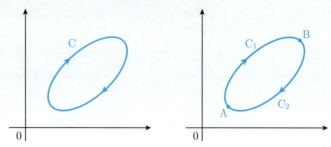

図 2.11 任意の可逆なサイクル C（左図）とその分割（右図）．縦軸と横軸の熱力学変数は，P, V でなくてもよい．また，高次元の空間で考えても同様である．

$$\oint_{C_1} \frac{d'Q}{T} + \oint_{C_2} \frac{d'Q}{T} = 0 \tag{2.32}$$

C_2 の逆向きの過程を $\overline{C_2}$ と書き，左辺第 2 項を $\overline{C_2}$ を用いて書き換えて右辺に移項すると

$$\int_{C_1} \frac{d'Q}{T} = \int_{\overline{C_2}} \frac{d'Q}{T} \tag{2.33}$$

図 **2.11** の右図において，A を定点，B を C 上の任意の点とする．点 B での熱力学変数をまとめて x と書き，

$$f_{C_1}(x) = \int_{C_1} \frac{d'Q}{T} \tag{2.34}$$

とおく．この式では $f_{C_1}(x)$ において過程 C_1 を明記している．しかし，式 (2.33) より，過程 C_1 の代わりに過程 $\overline{C_2}$ を用いても $f_{C_1}(x)$ の値は変わらない．過程 C_1 と過程 C_2 を合わせた過程 C は任意の可逆サイクルであったから，結局，$f_{C_1}(x)$ は過程のとり方によらず値が定まり，x のみに依存する．ゆえに，点 A と点 B を結ぶ任意の過程を改めて過程 C と書くと，式 (2.34) は

$$f(x) = \int_C \frac{d'Q}{T} \tag{2.35}$$

と書ける．すなわち，$f(x)$ の値は過程 C のとり方によらず，x のみに依存する．

さて，図 **2.12** に示したように点 B と熱力学変数が無限小だけ異なる点 B' を

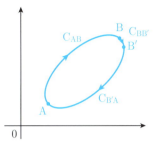

図 2.12 A を定点とし，B を任意の点とする可逆過程．B と B′ は熱力学変数が無限小だけ異なる．

考え，定点 A と B, B′ を結ぶ可逆過程を考える．

図に示した経路 C_{AB} などを用いると，式 (2.31) より

$$\int_{C_{AB}} \frac{d'Q}{T} + \int_{C_{BB'}} \frac{d'Q}{T} + \int_{C_{B'A}} \frac{d'Q}{T} = 0 \tag{2.36}$$

B′ での熱力学変数の値を $x + dx$ とし，式 (2.35) を用いて書き換えると

$$f(x+dx) - f(x) = \int_{C_{BB'}} \frac{d'Q}{T} \tag{2.37}$$

右辺は $d'Q/T$ と書けるから，

$$df = f(x+dx) - f(x) = \frac{d'Q}{T} \tag{2.38}$$

すなわち，$d'Q/T$ は全微分である．よって，

$$dS = \frac{d'Q}{T} \tag{2.39}$$

により状態量 S を導入できる．これが**エントロピー**である．

例 2.1　（無限小しか異ならない 2 点を結ぶ積分）　式 (2.37) の右辺が，$d'Q/T$ と書けることについては，次の例を考えるとよい．1 変数 x の関数 $F(x)$ を考え，$f(x) = F'(x)$ とおくと次式が成り立つ．

$$\int_x^{x+dx} dx f(x) = F(x+dx) - F(x) = F'(x)dx = f(x)dx \tag{2.40}$$

例題 2.4 （理想気体のエントロピー） 式 (2.39) を用いて，理想気体のエントロピーの表式を導出せよ．理想気体の物質量を n，理想気体の定積モル比熱を C_V とする．ただし，C_V は定数とする．

[解] 定積モル比熱が C_V だから，$dU = nC_V dT$ と書ける．よって，熱力学第 1 法則より

$$d'Q = dU + PdV = nC_V dT + PdV \tag{2.41}$$

右辺第 2 項に理想気体の状態方程式から得られる式 $P = nRT/V$ を代入して

$$d'Q = nC_V dT + \frac{nRT}{V} dV \tag{2.42}$$

この式を式 (2.39) に代入して

$$dS = \frac{nC_V}{T} dT + \frac{nR}{V} dV \tag{2.43}$$

仮定より C_V は定数だから，積分すると

$$S = nC_V \log T + nR \log V + \text{const.} \tag{2.44}$$

対数関数の引数を無次元化するように書き直すと

$$S = n \left[C_V \log \left(\frac{T}{T_0} \right) + R \log \left(\frac{V}{V_0} \right) \right] \tag{2.45}$$

ここで T_0，V_0 はそれぞれ温度，体積の次元をもつ定数である．これが理想気体のエントロピーの表式である． □

理想気体のエントロピーの表式 (2.45) と $U = nC_V T$ から，

$$S = n \left[C_V \log \left(\frac{U}{U_0} \right) + R \log \left(\frac{V}{V_0} \right) \right] \tag{2.46}$$

となる．ただし，$U_0 = nC_V T_0$ は定数である．この式を U について解くと

$$U = U_0 \left(\frac{V_0}{V} \right)^{R/C_V} \exp \left(\frac{S}{nC_V} \right) \tag{2.47}$$

すなわち，理想気体の内部エネルギーは示量変数 S，V，$N = nN_A$ のみで書けることになる．

2.6 エントロピー増大の原理

前節において,エントロピーを導入したので,熱力学第 2 法則をエントロピーを用いて表現しよう.

クラウジウスの原理あるいはトムソンの原理として表現した熱力学第 2 法則と,カルノーサイクルについての結果から,クラウジウスの不等式 (2.30) が導出された.このクラウジウスの不等式をエントロピーを用いて書き換える.

クラウジウスの不等式 (2.30) におけるサイクル C として,図 **2.11** の右図のように 2 つの過程 C_1 と C_2 からなるサイクルを考える.過程 C_1 と過程 C_2 はいずれもサイクル C 上の 2 点 A,B を結ぶ過程である.ただし,過程 C_2 は可逆過程だが,過程 C_1 は可逆過程とは限らないとする.このとき,クラウジウスの不等式 (2.30) より

$$\int_{C_1} \frac{d'Q}{T} + \int_{C_2} \frac{d'Q}{T} \leq 0 \tag{2.48}$$

C_2 は可逆過程だから,過程 C_2 上で式 (2.39) が成り立つ.左辺第 2 項に式 (2.39) を代入して積分を実行すると,

$$\int_{C_1} \frac{d'Q}{T} + S_A - S_B \leq 0 \tag{2.49}$$

ここで S_A および S_B はそれぞれ点 A と点 B でのエントロピーである.よって,

$$S_B - S_A \geq \int_{C_1} \frac{d'Q}{T} \tag{2.50}$$

等号は過程 C_1 が可逆過程の場合に成り立つ.特に,無限小過程の場合には

$$dS \geq \frac{d'Q}{T} \tag{2.51}$$

孤立系の場合,$d'Q = 0$ だから

$$S_B \geq S_A \tag{2.52}$$

となる.ゆえに,エントロピーを用いると,熱力学第 2 法則は次のように述べることができる.

> **エントロピー増大の原理** 孤立系における変化は，エントロピーが増大する方向に起きる．

式 (2.52) で等号が成立する場合には，エントロピーが変化しない．この場合，A から B の変化，B から A の変化のどちらも可能となる．つまり A から B への変化は可逆ということになる．

> **例題 2.5** （エントロピー増大の原理） エントロピー増大の原理が成り立つならば，クラウジウスの原理も成り立つことを示せ．

［**解**］ 温度 T_H の高温熱源と温度 T_L の低温熱源があり，これら 2 つの熱源を合わせた系全体は孤立系であるとする．いま，低温熱源から高温熱源へ ΔQ の熱量が移動したとする．このとき，2 つの熱源のエントロピー変化は，式 (2.39) よりそれぞれ

$$\Delta S_\mathrm{H} = \frac{\Delta Q}{T_\mathrm{H}}, \qquad \Delta S_\mathrm{L} = \frac{-\Delta Q}{T_\mathrm{L}} \tag{2.53}$$

よって，系全体のエントロピー変化は

$$\Delta S = \Delta S_\mathrm{H} + \Delta S_\mathrm{L} = \frac{T_\mathrm{L} - T_\mathrm{H}}{T_\mathrm{H} T_\mathrm{L}} \Delta Q \tag{2.54}$$

エントロピー増大の原理が成り立つとすると，$\Delta S \geq 0$ および $T_\mathrm{H} > T_\mathrm{L}$ より

$$\Delta Q \leq 0 \tag{2.55}$$

ゆえに，$\Delta Q > 0$ となることがないからクラウジウスの原理が成り立つ． □

2.7 理想気体の断熱自由膨張

前節で任意の可逆過程を考えることによって，エントロピーと熱量を結びつける関係式 (2.39) を導出した．それでは，可逆でない過程，すなわち**不可逆過程**ではどうであろうか．式 (2.39) は成り立つであろうか．

不可逆過程の例として，理想気体の断熱自由膨張を考えよう．式 (2.39) より，エントロピー S は熱と関係している．単純に考えると，断熱過程ではエントロピーは変化しないように思える．果たしてそうであろうか．

体積 V_2 の容器の中に，1 mol の理想気体が封入されているとする．容器の中

2.7 理想気体の断熱自由膨張

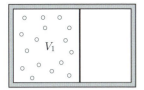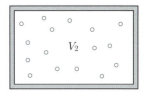

図 2.13 理想気体の断熱自由膨張過程

には，図 2.13 に示すように体積 V_1（$< V_2$）の小領域があり，他の領域とは気体分子を通さない断熱壁で仕切られている．最初，気体は小領域のみに存在しており，他の領域は真空である．また，系全体は断熱壁で覆われていて孤立系とみなせる．

さて，小領域と他の領域を隔てている壁を取り除いたとする．すると気体は拡散して，容器全体に広がっていく．系は孤立系だから，この過程は断熱過程である．また，系全体で外へ仕事をするということもない．したがって，熱力学第 1 法則より内部エネルギーが変化しない．

この断熱自由膨張過程におけるエントロピー変化を求めよう．途中の過程では，気体分子の密度が不均一であるから，熱平衡状態ではない．よって，熱力学を適用することができない．一見すると，エントロピー変化を計算できそうにないように思える．しかし，エントロピーが状態量であることから，最初の状態と最後の状態が決まれば，計算することができるのである．最初の状態は体積 V_1 であった．このときの理想気体の温度を T とする．断熱自由膨張後の状態では，体積は V_2 である．一方，上で述べたように内部エネルギーが変化しないから，$dU \propto dT$ の関係より，温度は変化しない．したがって，式 (2.45) を用いると，エントロピーの変化分 ΔS は

$$\Delta S = n\left[C_V \log\left(\frac{T}{T_0}\right) + R\log\left(\frac{V_2}{V_0}\right)\right] - n\left[C_V \log\left(\frac{T}{T_0}\right) + R\log\left(\frac{V_1}{V_0}\right)\right]$$
$$= nR\log\left(\frac{V_2}{V_1}\right)$$

$V_2 > V_1$ だから，$\Delta S > 0$ である．断熱過程にもかかわらず，エントロピーが増加している．このことはどう理解すればよいだろうか．

エントロピーと熱量を関係づける式 (2.39) は，式 (2.30) で等号が成り立つ場合である．すなわち，変化の過程が可逆の場合しか用いることができない．断

熱自由膨張のように，変化の過程が可逆でない場合には，式 (2.39) ではなく

$$dS > \frac{d'Q}{T} \tag{2.56}$$

となる．したがって，$d'Q = 0$ であっても $dS > 0$ だからエントロピーが増加しうる．

ここでは不可逆過程の例として，理想気体の断熱自由膨張を考えた．一般の不可逆過程については 3.3 節で改めて述べる．

第 2 章 演習問題

演習 2.1 ディーゼルエンジンで用いられているディーゼルサイクルは図 2.14 で示した過程からなる．断熱過程 AB で燃料を含む物質量 n の空気が圧縮され，等圧過程 BC で燃料が燃焼する．（オットーサイクルと異なり，点火プラグは不要である．）断熱過程 CD で外へ仕事をし，等積過程 DA で排気する．

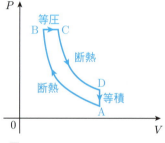

図 2.14 ディーゼルサイクル

(1) このディーゼルサイクルの効率 η を，A, B, C, D における温度 T_A, T_B, T_C, T_D および空気の定積モル比熱 C_V，定圧モル比熱 C_P を用いて表せ．
(2) 比熱比を γ として，次式を示せ．

$$\eta = 1 - \frac{1}{\gamma} \frac{\left(\frac{V_B}{V_A}\right)^\gamma - \left(\frac{V_C}{V_A}\right)^\gamma}{\frac{V_B}{V_A} - \frac{V_C}{V_A}} \tag{2.57}$$

演習 2.2 一般のカルノーサイクルの効率を，エントロピーを用いて求めよ．高温熱源，低温熱源の温度をそれぞれ T_H, T_L とする．

演習 2.3 カルノーサイクルを T-S 平面上で図示せよ．また，サイクルによって囲まれる面積が物理的に何を意味しているかを述べよ．

演習 2.4 熱力学変数のパラメータ空間において，任意の 2 つの準静的断熱過程は交わらないことを示せ．

演習 2.5 n (≥ 3) 個の熱源を用いて作動する熱機関の効率の上限を求めよ．

第 2 章 演習問題

演習 2.6 γ を比熱比として，理想気体の準静的断熱過程では，PV^γ が一定である．この理想気体の準静的断熱過程ではエントロピーが一定であることを，式 (2.45) を用いて示せ．

演習 2.7 熱力学第 1 法則 $dU = TdS - PdV$ より，次の**エネルギー方程式**が得られることを示せ．
$$\left(\frac{\partial U}{\partial V}\right)_T = T\left(\frac{\partial P}{\partial T}\right)_V - P \tag{2.58}$$
また，$U = Vu(T)$，$P = \frac{u(T)}{3}$ である系について，$u(T) \propto T^4$ が成り立つことを示せ．この法則を**ステファン-ボルツマンの法則**とよび，電磁波に適用できる法則である．（比例係数については，式 (6.62) を参照．）

演習 2.8 気体を体積 V_1，温度 T_1 の状態から体積 V_2 の状態へ断熱的に自由膨張させる．定積モル比熱を C_V とし，簡単のため C_V は一定とする．
(1) 気体が理想気体の場合，この過程で温度が変化しないことを示せ．
(2) 状態方程式が式 (1.5) で与えられるファン・デル・ワールス気体について，断熱自由膨張後の温度 T_2 を求めよ．（まず，前問のエネルギー方程式 (2.58) から，ファン・デル・ワールス気体の内部エネルギーを求めて考えよ．）

演習 2.9 絶対零度の状態は実現不可能であることを示せ．

演習 2.10 変数 x, y の 2 つの関数 $u(x,y)$ と $v(x,y)$ について，**ヤコビアン**を次式で定義する．
$$\frac{\partial(u,v)}{\partial(x,y)} = \begin{vmatrix} \frac{\partial u}{\partial x} & \frac{\partial u}{\partial y} \\ \frac{\partial v}{\partial x} & \frac{\partial v}{\partial y} \end{vmatrix} = \frac{\partial u}{\partial x}\frac{\partial v}{\partial y} - \frac{\partial u}{\partial y}\frac{\partial v}{\partial x} \tag{2.59}$$
(1) x, y がさらに変数 p, q の関数のとき，次式が成り立つことを示せ．
$$\frac{\partial(u,v)}{\partial(p,q)} = \frac{\partial(u,v)}{\partial(x,y)}\frac{\partial(x,y)}{\partial(p,q)} \tag{2.60}$$
(2) $\frac{\partial(S,P)}{\partial(T,P)} = \left(\frac{\partial S}{\partial T}\right)_P$ および $\frac{\partial(S,P)}{\partial(P,T)} = \frac{\partial(P,S)}{\partial(T,P)} = -\frac{\partial(S,P)}{\partial(T,P)}$ を示せ．
(3) C_P, C_V をそれぞれ定圧熱容量，定積熱容量とし，$\kappa_S = -\frac{\left(\frac{\partial V}{\partial P}\right)_S}{V}$，$\kappa_T = -\frac{\left(\frac{\partial V}{\partial P}\right)_T}{V}$ をそれぞれ断熱圧縮率，等温圧縮率とする．次式が成り立つことを示せ．
$$\frac{\kappa_S}{\kappa_T} = \frac{C_V}{C_P} \tag{2.61}$$

第3章 熱力学関数と熱力学の応用

1章では，エネルギーに関係した量として内部エネルギーを定義した．この章では，内部エネルギーと同様にエネルギーと関係する種々の熱力学関数を導入する．系と外界との境界条件に応じて，用いるべき熱力学関数が異なってくる．また，熱力学の応用として，気体-液体相転移を扱う．

3.1 熱力学関数

これまで系のエネルギーに関係する量としては，内部エネルギーのみを考えてきた．しかし，他にもエネルギーに関係する量を定義することができる．考える過程によって，内部エネルギーとは異なるエネルギーを用いると便利である．

最初の例として，定圧過程での熱容量を考えよう．着目する系の粒子数やその他の示量変数は変化しないとする．熱力学第1法則より

$$dU = d'Q - PdV \tag{3.1}$$

この表式では，定圧過程において右辺第2項も考慮する必要がある．

ここで，

$$H = U + PV \tag{3.2}$$

を定義する．H を**エンタルピー**とよぶ．H の定義と式(3.1)より

$$dH = d'Q + VdP \tag{3.3}$$

よって，定圧過程では

$$dH = d'Q \tag{3.4}$$

となる．したがって，定圧過程での熱容量 C_P は

$$C_P = \left(\frac{\partial H}{\partial T}\right)_P \tag{3.5}$$

と書ける．

さて，エンタルピー H も内部エネルギーと同じく，エネルギーの次元をもつ．U と H の違いは，独立変数として何を選ぶかの違いである．式 (3.1) と式 (2.39) より

$$\mathrm{d}U = T\mathrm{d}S - P\mathrm{d}V \tag{3.6}$$

よって，S, V 以外の熱力学変数の依存性をあらわに考えなければ U は S と V の関数である．一方，この式と式 (3.2) から

$$\mathrm{d}H = T\mathrm{d}S - P\mathrm{d}V + P\mathrm{d}V + V\mathrm{d}P = T\mathrm{d}S + V\mathrm{d}P \tag{3.7}$$

となる．ゆえに H は S と P の関数となる．このように，U と H では独立変数が異なる．変数 V は，式 (3.2) の右辺の第 2 項によって変数 P に入れ替わっている．このような形式による変数変換を**ルジャンドル変換**とよぶ．

内部エネルギーは示量変数の関数なので，S を変数にもつ．しかし，S を制御するのは容易ではないので，S の代わりに T を変数とするエネルギーを考えよう．このようなエネルギーとして，**ヘルムホルツの自由エネルギー** F を，次のルジャンドル変換により定義する．

$$F = U - TS \tag{3.8}$$

この式と式 (3.6) より

$$\mathrm{d}F = -S\mathrm{d}T - P\mathrm{d}V \tag{3.9}$$

となる．よって，F は T と V の関数である．一般に，粒子数を N, 他の任意の示量変数を X とすると

$$\mathrm{d}F = -S\mathrm{d}T - P\mathrm{d}V + \mu\mathrm{d}N + x\mathrm{d}X \tag{3.10}$$

となる．ここで x は X に共役な示強変数である．さらに変数を V から P に，次式によってルジャンドル変換する．

$$G = F + PV \tag{3.11}$$

G を**ギブスの自由エネルギー**とよぶ．式 (3.10) より

$$\mathrm{d}G = -S\mathrm{d}T + V\mathrm{d}P + \mu\mathrm{d}N + x\mathrm{d}X \tag{3.12}$$

内部エネルギー U を含めて，H, F, G などを**熱力学関数**とよぶ．

さらに，N と X についてもルジャンドル変換するとどうなるであろうか．この問題を考える前に，次式が成り立つことを示そう．

$$U = TS - PV + \mu N + xX \tag{3.13}$$

この等式は U が示量変数のみの関数であることから示せる．n を正の整数として示量変数が nS, nV, nN, nX の系を考えると，この系の内部エネルギーは

$$U = U(nS, nV, nN, nX) \tag{3.14}$$

この系を示量変数が S, V, N, X の n 個の部分系に分けて考えると，この系の内部エネルギーは

$$U = nU(S, V, N, X) \tag{3.15}$$

と書くこともできる．この2式より

$$U(nS, nV, nN, nX) = nU(S, V, N, X) \tag{3.16}$$

が成り立つことがわかる．$n \gg 1$ として，n をわずかに $\mathrm{d}n$ だけ変化させたとすると

$$U((n+\mathrm{d}n)S, (n+\mathrm{d}n)V, (n+\mathrm{d}n)N, (n+\mathrm{d}n)X) = (n+\mathrm{d}n)U(S, V, N, X) \tag{3.17}$$

左辺を計算すると，

$$\begin{aligned}
&U\left((n+\mathrm{d}n)S, (n+\mathrm{d}n)V, (n+\mathrm{d}n)N, (n+\mathrm{d}n)X\right) \\
&= U\left(nS + S\mathrm{d}n, nV + V\mathrm{d}n, nN + N\mathrm{d}n, nX + X\mathrm{d}n\right) \\
&= U\left(nS, nV, nN, nX\right) \\
&\quad + U_S\left(nS, nV, nN, nX\right) S\mathrm{d}n \\
&\quad + U_V\left(nS, nV, nN, nX\right) V\mathrm{d}n \\
&\quad + U_N\left(nS, nV, nN, nX\right) N\mathrm{d}n \\
&\quad + U_X\left(nS, nV, nN, nX\right) X\mathrm{d}n
\end{aligned}$$

ここで U_S は

3.1 熱力学関数

$$U_S = \left(\frac{\partial U}{\partial S}\right)_{V,N,X} \tag{3.18}$$

である．U_V, U_N, U_X なども同様の式で定義される．

$$\left(\frac{\partial U}{\partial S}\right)_{V,N,X} = T \tag{3.19}$$

だから，$U_S(nS, nV, nN, nX)$ は系の温度 T である．なお，示強変数である温度は系と部分系とで同じである点に注意しよう．

U_V, U_N, U_X なども同様に考えると，式 (3.17) より

$$(n + \mathrm{d}n)U(S,V,N,X) = U(nS, nV, nN, nX)$$
$$+ TS\mathrm{d}n - PV\mathrm{d}n + \mu N\mathrm{d}n + xX\mathrm{d}n$$

この式と式 (3.16) から式 (3.13) が得られる．

式 (3.13) が成り立つことを示したので，N と X についてのルジャンドル変換の問題を考えよう．式 (3.12) にさらにルジャンドル変換を施し，次の式を考える．

$$\mathrm{d}(G - \mu N - xX) = -S\mathrm{d}T + V\mathrm{d}P - N\mathrm{d}\mu - X\mathrm{d}x \tag{3.20}$$

一方，$G = U - TS + PV$ に式 (3.13) を代入すると，$G = \mu N + xX$ となるから，式 (3.20) の左辺はゼロである．よって

$$S\mathrm{d}T - V\mathrm{d}P + N\mathrm{d}\mu + X\mathrm{d}x = 0 \tag{3.21}$$

この関係式を**ギブス-デュエムの関係式**とよぶ．式 (3.21) の左辺は示強変数のみの関数の無限小変化分とみなせるが，これが恒等的にゼロということになる．つまり，示強変数は互いに完全に独立ではなく，1つの示強変数は他の示強変数の関数として表せるということになる．

> **例題 3.1**　（流体の化学ポテンシャル）　流体の化学ポテンシャルは，T と P のみの関数として書けることを示せ．

[解]　流体の示強変数は T, P, μ だから，ギブス-デュエムの関係式 (3.21) より

$$S\mathrm{d}T - V\mathrm{d}P + N\mathrm{d}\mu = 0 \tag{3.22}$$

$d\mu$ について解くと

$$d\mu = -\frac{S}{N}dT + \frac{V}{N}dP \tag{3.23}$$

よって，μ は T と P のみの関数である。 □

3.2 マクスウェルの関係式

　熱力学関数から，多くの非自明な関係式が導出される．まず，熱力学関数として内部エネルギー U を考える．熱力学変数が S と V のみの場合には，式 (3.6) の全微分の式が成り立つ．このとき，式 (3.6) より

$$T = \frac{\partial U}{\partial S}, \qquad -P = \frac{\partial U}{\partial V} \tag{3.24}$$

一方，

$$\frac{\partial}{\partial V}\frac{\partial U}{\partial S} = \frac{\partial^2 U}{\partial V \partial S} = \frac{\partial^2 U}{\partial S \partial V} = \frac{\partial}{\partial S}\frac{\partial U}{\partial V} \tag{3.25}$$

が成り立つから，式 (3.24) を代入すると

$$\frac{\partial T}{\partial V} = -\frac{\partial P}{\partial S} \tag{3.26}$$

左辺は体積が変化したときに，温度がどれだけ変化するかという量である．一方，右辺はエントロピーが変化したときに圧力がどれだけ変化するかという量である．両者は全く関係がなさそうだが，式 (3.26) によって結びつけられている．このように，熱力学関数が全微分である条件から導出される関係式を**マクスウェルの関係式**とよぶ．

　示量変数が S, V, N, X のとき，ギブスの自由エネルギーの全微分は式 (3.12) で与えられる．この式より，

$$-S = \frac{\partial G}{\partial T}, \qquad \mu = \frac{\partial G}{\partial N} \tag{3.27}$$

が得られる．一方，

$$\frac{\partial^2 G}{\partial N \partial T} = \frac{\partial^2 G}{\partial T \partial N} \tag{3.28}$$

より，

$$-\frac{\partial S}{\partial N} = \frac{\partial \mu}{\partial T} \tag{3.29}$$

が成り立つことがわかる．左辺と右辺の意味を考え，この関係式の非自明さを

確認してほしい．一定にする変数を明示すると，

$$-\left(\frac{\partial S}{\partial N}\right)_{T,P,X} = \left(\frac{\partial \mu}{\partial T}\right)_{N,P,X} \tag{3.30}$$

となる．

例題 3.2（マクスウェルの関係式）　示量変数が S, V, N の系について次のマクスウェルの関係式を導出せよ．

$$\left(\frac{\partial T}{\partial N}\right)_{S,V} = \left(\frac{\partial \mu}{\partial S}\right)_{N,V} \tag{3.31}$$

$$\left(\frac{\partial S}{\partial V}\right)_{T,N} = \left(\frac{\partial P}{\partial T}\right)_{V,N} \tag{3.32}$$

[解]　$dU = TdS - PdV + \mu dN$ より

$$\frac{\partial T}{\partial N} = \frac{\partial}{\partial N}\frac{\partial U}{\partial S} = \frac{\partial}{\partial S}\frac{\partial U}{\partial N} = \frac{\partial \mu}{\partial S} \tag{3.33}$$

よって，式 (3.31) が成り立つ．また，$dF = -SdT - PdV + \mu dN$ より

$$\frac{\partial S}{\partial V} = -\frac{\partial}{\partial V}\frac{\partial F}{\partial T} = -\frac{\partial}{\partial T}\frac{\partial F}{\partial V} = \frac{\partial P}{\partial T} \tag{3.34}$$

よって，式 (3.32) が成り立つ．なお，上記の計算では表記を簡単にするために，一定にする変数を省略している．一定にする変数を明示すると

$$\left(\frac{\partial T}{\partial N}\right)_{S,V} = \left[\frac{\partial}{\partial N}\left(\frac{\partial U}{\partial S}\right)_{N,V}\right]_{S,V} \tag{3.35}$$

といった表記になる．右辺の $(\partial U/\partial S)_{N,V}$ は，N と V を一定にして，U を S で偏微分している．こうして得られる関数は S, V, N の関数となる．この関数 $(\partial U/\partial S)_{N,V}$ を，S, V が一定のもとで，さらに N について偏微分したのが右辺である．　□

3.3 変化が起きる向きと熱平衡条件

2.6節で示したように，孤立系での変化はエントロピーが増大する方向に生じる．このことから，孤立系が熱平衡状態である条件は，エントロピーが最大の状態ということになる．

では，孤立系以外での熱平衡条件はどうなるだろうか．以下で，温度が一定，圧力が一定などの条件下での熱平衡条件を明らかにしよう．

孤立系に限らず，一般の無限小過程では式 (2.51) より

$$T\mathrm{d}S \geq \mathrm{d}'Q \tag{3.36}$$

が成り立つ．エントロピー以外の示量変数が，V, N, X である系を考えると，熱力学第 1 法則より

$$\mathrm{d}'Q = \mathrm{d}U + P\mathrm{d}V - \mu\mathrm{d}N - x\mathrm{d}X \tag{3.37}$$

この式を式 (3.36) の右辺に代入すると，次式が得られる．

$$\mathrm{d}U - T\mathrm{d}S + P\mathrm{d}V - \mu\mathrm{d}N - x\mathrm{d}X \leq 0 \tag{3.38}$$

議論をわかりやすくするために，以下，N と X が一定の場合を考える．このとき，式 (3.38) より

$$\mathrm{d}U - T\mathrm{d}S + P\mathrm{d}V \leq 0 \tag{3.39}$$

まず，温度と体積が一定の場合を考えよう．系の温度を一定に保つには，系を**熱浴**と接触させると考える．熱浴とは，系と比較して巨大な系であり，系と熱浴の間では，エネルギーのみのやりとりがある．また，系と熱浴を合わせた系は孤立系であるとする．

温度が一定の状況を考えるために，式 (3.39) を書き換えよう．左辺の表式の変数に S が入っているので，この変数を T に変えるために，ヘルムホルツの自由エネルギー $F = U - TS$ を用いて書き換える．$\mathrm{d}U = \mathrm{d}F + T\mathrm{d}S + S\mathrm{d}T$ だから，式 (3.39) より

$$\mathrm{d}F + S\mathrm{d}T + P\mathrm{d}V \leq 0 \tag{3.40}$$

よって，T と V が一定のとき

$$dF \leq 0 \tag{3.41}$$

となる.すなわち,温度と体積が一定の場合,変化が生じる方向は F が減少する向きである.また,熱平衡状態の条件は F が最小ということになる.

次に,温度と圧力が一定の場合を考えよう.実験室で実験を行う場合には,ほとんどがこの場合にあてはまる.ギブスの自由エネルギー $G = F + PV$ より,$dF = dG - PdV - VdP$ だから,この式を用いて式 (3.40) を書き換えると,

$$dG + SdT - VdP \leq 0 \tag{3.42}$$

よって,T と P が一定のとき

$$dG \leq 0 \tag{3.43}$$

となる.すなわち,温度と圧力が一定の場合,変化が生じる方向は G が減少する向きである.また,熱平衡状態の条件は G が最小ということになる.

このように系が置かれている状況によって,系の変化が生じる向きと熱平衡条件は異なる.以下,まとめると

- **孤立系**
  系の変化は S が増大する向き.熱平衡条件は S が最大.
- **T と V が一定の系**
  系の変化は F が減少する向き.熱平衡条件は F が最小.
- **T と P が一定の系**
  系の変化は G が減少する向き.熱平衡条件は G が最小.

次に,2 つの系の間での変化の向きと熱平衡条件を明らかにしよう.それぞれ熱平衡状態にある 2 つの系を接触させたとする.この 2 つの系の温度が異なる場合,一方から他方へ熱が移動するであろう.温度が高い方から温度の低い方へ熱が移動することは,日常で経験することである.このことを熱力学的に定式化しよう.さらに,温度が異なる場合に限らず,様々な条件のもとで 2 つの系を接触させた場合についても考えよう.

図 **3.1** に示したように,熱平衡状態にある 2 つの系,系 1 と系 2 がある.それぞれの系の温度を T_1 および T_2 とする.この 2 つの系を接触させる.2 つの系の間では,エネルギーのみのやりとり,つまり熱のやりとりが可能である.系 1 と系 2 を合わせた系全体は孤立系であるとする.

$T_1 \neq T_2$ の場合に生じる熱の移動をエントロピー増大の原理から明らかにし

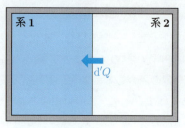

図 3.1 2つの系 1, 2 の接触.
両者の間では，エネルギーのやりとりのみが可能.

よう．系 2 から系 1 へ $d'Q$ の熱量が移動したとすると，それぞれの系のエントロピー変化 dS_1, dS_2 は

$$dS_1 = \frac{d'Q}{T_1}, \qquad dS_2 = \frac{-d'Q}{T_2} \tag{3.44}$$

よって，系全体でのエントロピー変化は

$$dS = dS_1 + dS_2 = \left(\frac{1}{T_1} - \frac{1}{T_2}\right) d'Q \tag{3.45}$$

系全体では孤立系だから，エントロピー増大の原理より $dS \geq 0$ である．よって

$$(T_2 - T_1) d'Q \geq 0 \tag{3.46}$$

ゆえに，熱の移動は以下の 3 つの場合がある．

(1) $T_2 > T_1$ の場合
式 (3.46) より $d'Q > 0$ だから，系 2 から系 1 へ熱が移動する．

(2) $T_2 < T_1$ の場合
式 (3.46) より $d'Q < 0$ だから，系 1 から系 2 へ熱が移動する．

(3) $T_2 = T_1$ の場合
この場合，$d'Q \geq 0$ および $d'Q < 0$ のどちらもありえる．すなわち，系 1 から系 2 への熱の移動も系 2 から系 1 への熱の移動もどちらも可能である．よって，これら 2 つの系の間での熱のやりとりは可逆である．

こうして経験上よく知っている結果が得られる．また，2 つの系の間での熱平衡条件は $T_1 = T_2$ である．♣1

♣1最初の 2 つの場合について，式 (3.46) より $d'Q = 0$ もありえる．しかし，これは 2 つの系を接触させた直後の状態に対応しているから，考える必要はない．

3.3 変化が起きる向きと熱平衡条件

次に，2つの系の温度は等しいが，圧力が異なる場合を考えよう．それぞれの系の圧力を P_1 および P_2 とする．この2つの系の間に可動壁を導入する．壁は熱を通す透熱壁だが，粒子は通さないとする．温度はどちらの系も T である．系1の体積が dV だけ変化したとする．熱力学第1法則より，$dU = TdS - PdV$ だから $dS = dU/T + (P/T)dV$ である．よって，それぞれの系のエントロピー変化は

$$dS_1 = \frac{dU}{T} + \frac{P_1}{T}dV \tag{3.47}$$

$$dS_2 = \frac{-dU}{T} + \frac{P_2}{T}(-dV) \tag{3.48}$$

ここで系1の内部エネルギーの変化分を dU としている．系全体では孤立系だから，系全体の内部エネルギーの変化はない．よって，系2の内部エネルギーの変化分は $-dU$ となる．

この2式より，系全体のエントロピー変化は

$$dS = dS_1 + dS_2 = \frac{P_1 - P_2}{T}dV \tag{3.49}$$

となる．エントロピー増大の原理より $dS \geq 0$ だから，以下の3つの場合がある．

(1) $P_1 > P_2$ の場合

$dV > 0$ となるから，系1の体積が増大する向きに壁が移動する．

(2) $P_1 < P_2$ の場合

$dV < 0$ となるから，系1の体積が減少する向きに壁が移動する．

(3) $P_1 = P_2$ の場合

この場合，$dV \geq 0$，$dV < 0$ のどちらも可能である．よって，体積変化は可逆である．

この考察から，熱平衡条件は $P_1 = P_2$ となる．

次に2つの系で化学ポテンシャルが異なる場合を考えよう．2つの系の間に粒子を通す壁を導入する．壁は透熱壁だが，位置は固定されているとする．温度はどちらの系も T である．系1の粒子数が dN だけ変化したとすると，それぞれの系のエントロピー変化は

$$dS_1 = \frac{dU}{T} - \frac{\mu_1}{T}dN \tag{3.50}$$

$$dS_2 = -\frac{dU}{T} + \frac{\mu_2}{T}dN \tag{3.51}$$

よって系全体のエントロピー変化は

$$dS = dS_1 + dS_2 = -\frac{\mu_1 - \mu_2}{T}dN \tag{3.52}$$

エントロピー増大の原理より $dS \geq 0$ だから，以下の 3 つの場合がある．

(1) $\mu_1 > \mu_2$ の場合

$dN < 0$ となるから，系 1 の粒子数が減少する．

(2) $\mu_1 < \mu_2$ の場合

$dN > 0$ となるから，系 1 の粒子数が増加する．

(3) $\mu_1 = \mu_2$ の場合

この場合，$dN \geq 0$，$dN < 0$ のどちらも可能である．よって，粒子数の変化は可逆である．

この結果から，化学ポテンシャルが小さい領域へ粒子は移動することがわかる．また，熱平衡条件は $\mu_1 = \mu_2$ である．

ここで，変化が起きる向きと関連して，不可逆過程について改めて考察しておく．具体的に等温過程を考え，可逆過程と不可逆過程の区別を明らかにする．図 **3.2** に示したように，着目する系が温度 T_e の熱浴に囲まれているとする．系と熱源を合わせた系全体は孤立系であると仮定する．

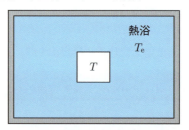

図 **3.2** 熱浴と接している系

系の温度を T として，系が熱源から得る熱量を $d'Q$ とする．系と熱源それぞれのエントロピー変化を dS, dS_e とすると

$$dS = \frac{d'Q}{T}, \qquad dS_e = \frac{-d'Q}{T_e} \tag{3.53}$$

系全体は孤立系だから，エントロピー増大の原理より

$$dS + dS_e = \left(\frac{1}{T} - \frac{1}{T_e}\right)d'Q \geq 0 \tag{3.54}$$

よって，$T \neq T_e$ の場合には，$d'Q \neq 0$ となり，$d'Q$ の符号も定まる．つまり，変化の向きが一意的に決まるから，変化は不可逆である．また，等号が成り立たないから

$$dS > \frac{d'Q}{T_e} \tag{3.55}$$

となる．等温過程では，熱源の温度と系の温度が等しいと仮定している．しかし，系の温度と熱源の温度が異なっているときには，式 (3.55) が成り立つ．実際に制御するのは熱源の温度であるから，T_e を改めて T と書けば，等温過程が不可逆の場合，

$$dS > \frac{d'Q}{T} \tag{3.56}$$

となる．

一方，系の温度と熱浴の温度が等しく $T = T_e$ の場合には等号が成立して

$$dS = \frac{d'Q}{T_e} \tag{3.57}$$

となる．この場合，$d'Q > 0$ の過程も $d'Q < 0$ の過程もどちらも可能である．ゆえにこの場合の変化は可逆である．

例題 3.3　（断熱圧縮過程における不可逆過程）　ピストンがついたシリンダー内に圧力 P の気体が封入されている．シリンダーもピストンも断熱の物質である．図 3.3 に示したように，ピストンを圧力 P_e で押して気体を断熱圧縮する過程が可逆となる条件を考察せよ．

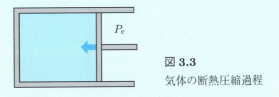

図 3.3
気体の断熱圧縮過程

[**解**]　気体の体積変化を dV とすると，熱力学第1法則より，$d'Q = dU + PdV$．よって気体のエントロピー変化は

$$dS = \frac{dU}{T} + \frac{P}{T}dV \tag{3.58}$$

ピストンを押している外界を，圧力 P_e の気体に置き換えて考え，その気体の温

度を T_e とする．この気体のエントロピー変化 dS_e は

$$dS_e = -\frac{dU}{T_e} - \frac{P}{T_e}dV \tag{3.59}$$

簡単のため，$T_e = T$ を仮定すると，系全体のエントロピー変化は

$$dS + dS_e = \frac{P - P_e}{T}dV \tag{3.60}$$

エントロピー増大の原理より，$dS + dS_e \geq 0$ だから

$$(P - P_e)dV \geq 0 \tag{3.61}$$

よって，$P \neq P_e$ の場合には，dV の符号が決まるからこの過程は不可逆となる．また，このとき

$$dS = \frac{P}{T}dV > \frac{P_e}{T}dV \tag{3.62}$$

である．$P = P_e$ の場合には，$dV > 0$，$dV < 0$，どちらの過程も可能であるから，可逆過程である． □

3.4 気体-液体相転移

　気体の状態方程式として，最も単純なのは理想気体の状態方程式である．しかし，この理想気体と実在気体では決定的に異なる点がある．それは，液体状態が存在しないことである．理想気体にいくら圧力をかけても，また，いくら低温にしても液体にはならない．液体状態が実現するには，気体分子間に引力相互作用が働く必要がある．しかし，理想気体では気体分子間に全く相互作用が働かない．

　それでは，気体分子間の相互作用の効果を取り入れた状態方程式ではどうであろうか．理想気体の状態方程式に取り入れられていなかった気体分子間の引力相互作用と気体分子の大きさを考慮したのが 1.5 節で導入したファン・デル・ワールス状態方程式である．

　まずは，ファン・デル・ワールス状態方程式を導出しよう．理想気体の状態方程式をもとに考える．式 (1.3) より

$$V = \frac{nRT}{P} \tag{3.63}$$

この式で，高圧の極限 $P \to \infty$ を考えると，右辺はゼロになる．したがって，

左辺もゼロになる．しかし，気体分子の大きさを考慮すると，左辺は気体分子の大きさに関係した値に近づくはずである．この値は物質量 n に比例しているから，b を正の定数として nb とおくと式 (3.63) は次のように修正される．

$$V - nb = \frac{nRT}{P} \tag{3.64}$$

次に，2 つの気体分子の間に働く相互作用について考える．気体分子間の距離を r とし，気体分子を半径 r_0 の球体とみなす．$r \gg r_0$ のときは，気体分子間の相互作用は弱く無視できる．一方，$r \sim r_0$ になると，気体分子間に強い斥力が働く．これは，気体分子の外側に電子が分布しており，2 つの気体分子が接近すると，これら外側に分布する電子間に反発力が働くためである．r がこれらの中間の値の場合には，気体分子間には引力が働く．この引力は，気体分子内の正電荷と負電荷のゆらぎに起因するものであり，ファン・デル・ワールス力[7] とよばれる．この相互作用エネルギーは r の関数として $1/r^6$ のように振る舞うが，簡単化して $r < w$ のときに引力相互作用が働き，その大きさを r によらない一定値 $-u_0$ とおく．ただし，$u_0 > 0$ である．

さて，1 つの気体分子に着目する．この気体分子と相互作用する気体分子は，この気体分子を中心とする半径 w の球の内部に存在する気体分子である．したがって，相互作用エネルギーは

$$\frac{4\pi}{3}w^3 \times \frac{N}{V} \times (-u_0) \tag{3.65}$$

となる．このエネルギーをすべての気体分子について足し合わせると，全相互作用エネルギー U_{int} は

$$U_{\text{int}} = -\frac{1}{2} \times \frac{4}{3}\pi w^3 \frac{N^2}{V} u_0 = -\frac{an^2}{V} \tag{3.66}$$

となる．ここで中央の式における $1/2$ は，相互作用を足し上げるときの重複を除くための因子である．$a \, (> 0)$ は 1 mol あたりの相互作用に関係するパラメータであり，$a = 2\pi \left(N_A w^3\right) \left(N_A u_0\right)/3$ である．

気体分子間に働く引力相互作用 U_{int} によって，気体分子の圧力は次式で与えられる分だけ小さくなる．

$$P_{\text{int}} = -\frac{\partial U_{\text{int}}}{\partial V} = -\frac{an^2}{V^2} \tag{3.67}$$

式 (3.64) を P について解き，P_{int} による補正を取り入れると

$$P = \frac{nRT}{V-nb} + P_{\text{int}} = \frac{nRT}{V-nb} - \frac{an^2}{V^2} \qquad (3.68)$$

よって，ファン・デル・ワールス状態方程式

$$\left(P + \frac{an^2}{V^2}\right)(V-nb) = nRT \qquad (3.69)$$

が得られる．1 mol あたりの体積 $v = V/n$ を導入すると，

$$\left(P + \frac{a}{v^2}\right)(v-b) = RT \qquad (3.70)$$

さて，ファン・デル・ワールス状態方程式には，気体分子間の引力相互作用に関係するパラメータ a と気体分子の大きさに関係したパラメータ b がある．これらファン・デル・ワールス定数 a と b の値は実験的に決められ，気体ごとに異なる値をとる．例えば，He では $a = 0.0034$ Pa·m^6·mol^{-2}，$b = 2.4 \times 10^{-5}$ m^3·mol^{-1} であり，CO_2 では $a = 0.36$ Pa·m^6·mol^{-2}，$b = 4.8 \times 10^{-5}$ m^3·mol^{-1} と見積もられている．気体分子の大きさに関係する定数 b にそれほど大きな違いはない．しかし，気体分子間の相互作用に関係する定数 a は，気体分子ごとにかなり違っている．例えば，気体分子に電気的な偏りがあり，双極子モーメントがゼロでない場合には a が大きくなる傾向がある．

さて，ファン・デル・ワールス状態方程式によって記述される系の性質を詳しく調べよう．まず，P, v, T を，

$$P_{\text{c}} = \frac{a}{27b^2}, \qquad v_{\text{c}} = 3b, \qquad RT_{\text{c}} = \frac{8a}{27b} \qquad (3.71)$$

を用いて，次式で規格化する．（式 (3.71) の導出は後で述べる．）

$$\tilde{P} = \frac{P}{P_{\text{c}}}, \qquad \tilde{v} = \frac{v}{v_{\text{c}}}, \qquad \tilde{T} = \frac{T}{T_{\text{c}}} \qquad (3.72)$$

これらの変数を用いると，式 (3.70) より

$$\tilde{P} = \frac{8\tilde{T}}{3\tilde{v}-1} - \frac{3}{\tilde{v}^2} \qquad (3.73)$$

が得られる．この式は，a と b にあらわに依存しない式になっている．気体ごとに a と b の値は異なるが，このように規格化すると共通の方程式で記述されることに

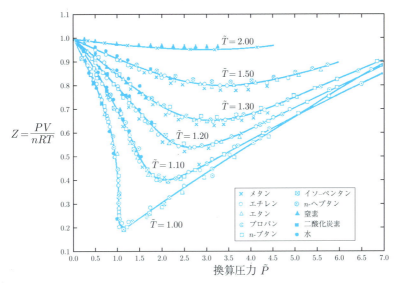

図 3.4 対応状態の原理.
様々な気体の圧縮率因子が，ファン・デル・ワールス状態方程式 (3.73) によって記述される曲線上にのる.

Gouq-Jen Su, Chien-Hou Chang, "Generalized Equation of State for Real Gases," Industrial & Engineering Chemistry, Vol.38, No.8, pp.802-803, 1946.

なる．この対応を，**対応状態の原理**とよぶ．**図 3.4** は様々な気体について**圧縮率因子** $Z = PV/nRT = 3\tilde{v}/(3\tilde{v}-1) - 9/(8\tilde{T}\tilde{v})$ を P/P_c の関数として図示したものである．実線が理論値だが，実験値とよく対応していることがわかる．

規格化されたファン・デル・ワールス状態方程式 (3.73) の振る舞いを考察しよう．まず $\tilde{v} \gg 1$ では，式 (3.73) の右辺第 1 項が支配的になる．また，$\tilde{v} \sim 1/3$ においても同様である．近似的に，右辺第 2 項の寄与が重要になる条件を考えてみよう．第 2 項が第 1 項よりも大きくなるとき，

$$\frac{8\tilde{T}}{3\tilde{v}-1} < \frac{3}{\tilde{v}^2} \tag{3.74}$$

である．この不等式は $\tilde{v}$ についての 2 次不等式に帰着できて，このような $\tilde{v}$ が存在する条件は $\tilde{T} < 27/32$ となる．したがって，低温において理想気体からのずれが大きくなると期待される．

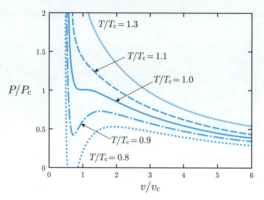

図 3.5 様々な温度におけるファン・デル・ワールス気体の圧力の体積依存性

T/T_c を変えて，式 (3.73) を図示したのが**図 3.5** である．

$T > T_c$ の場合には，理想気体の場合と定性的に変わらないが，$T < T_c$ の場合に，理想気体と著しく異なる振る舞いがみられる．例えば，$T/T_c = 0.9$ のグラフをみると，$v/v_c \sim 1$ に，P の極大と極小がある．v が大きい領域に存在する理想気体と同様の気体の状態に加えて，極小値を与える v よりも小さな v の状態が存在する．この状態は，液体状態と解釈できる．ファン・デル・ワールス状態方程式は，気体状態だけでなく，液体状態も記述しているのである．

図 3.5 をよくみると，傾きが正の領域，すなわち，$(\partial P/\partial v)_T > 0$ の領域が存在する．この領域では，気体に加わっている圧力を増加させると，気体の体積が増加することになり，非物理的である．この点については，ファン・デル・ワールス状態方程式を補正する必要がある．後で述べる処方箋に従って補正すると，$(\partial P/\partial v)_T > 0$ の領域は，**図 3.6** の点線に置き換わる．この点線は，曲線と点線で囲まれた 2 つの領域 S_1 と S_2 の面積が等しくなるという条件から定まる．点線上での圧力は，**飽和蒸気圧**あるいは単に**蒸気圧**とよばれる．点線上では，液体と気体が共存する．

液体と気体が共存する領域を詳しく調べよう．まず，式 (3.69) と

$$P = -\left(\frac{\partial F}{\partial V}\right)_T \tag{3.75}$$

より，ヘルムホルツの自由エネルギーは

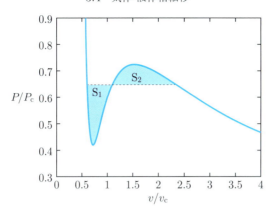

図 **3.6** ファン・デル・ワールス状態方程式の補正.
非物理的な領域は図中の点線で置き換えられる. 領域 S_1 と S_2 の面積は等しい.

$$F = -nRT \log(V - nb) - \frac{an^2}{V} + F_0(T) \tag{3.76}$$

となる. ここで右辺の最後の項は T のみの関数である. 圧力と温度が一定の場合の熱平衡状態を考えるために, ギブスの自由エネルギーを求めよう.

$$\begin{aligned} G &= F + PV \\ &= -nRT \log(V - nb) - \frac{an^2}{V} + F_0(T) + \left(\frac{nRT}{V-nb} - \frac{an^2}{V^2}\right)V \\ &= -nRT \log(V - nb) - \frac{2an^2}{V} + \frac{(nRT)(nb)}{V-nb} + G_0(T) \end{aligned}$$

ただし, $G_0(T) = F_0(T) + nRT$ である. 式 (3.71) によって規格化すると

$$\frac{G}{G_c} = -\frac{8\tilde{T}}{3} \log(3\tilde{v} - 1) - \frac{6}{\tilde{v}} + \frac{8\tilde{T}}{3} \frac{1}{3\tilde{v} - 1} \tag{3.77}$$

ここで, $G_c = na/(9b)$ とおいた.

横軸を P/P_c, として v/v_c および G/G_c を, $T/T_c = 0.9$ の場合に図示したのが, 図 **3.7** である. 図 **3.7** の v の図は, 図 **3.5** のような P-v 図の縦軸と横軸を取り替えた図である. v のグラフ上の点 a, b, c, ... は G のグラフ上の点 a, b, c, ... と対応している.

いま, 圧力を点 g の圧力に固定したとする. このとき, 同じ圧力で 3 つの状態

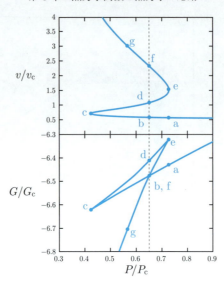

図 3.7 ファン・デル・ワールス気体の体積およびギブス自由エネルギーの圧力依存性

がある．v のグラフ，G のグラフ，いずれも点 g の圧力と同じ状態が 3 つある．この 3 つの状態のうち，熱平衡状態はギブスの自由エネルギーが最小となる点 g の状態である．この状態は，理想気体で記述される状態と対応しており，気体状態である．同様の考察を点 c に適用すると，点 c と同じ圧力で，別の状態が存在し，この状態のほうが G が小さい．（**図 3.7** の G のグラフには示されていないが，$G/G_c < -6.8$ の領域にある点である．）すなわち，点 c は熱平衡状態ではない．同様の理由により，b → c → d 上の点は，b を除いて，熱平衡状態ではない．

次に，点 a と点 e を考えよう．これらの点は同じ圧力における状態である．G のグラフから，点 a における G のほうが小さい．よって，点 a が熱平衡状態である．また，d → e → f 上の点は，点 f 以外は熱平衡状態ではないということになる．

さて，**図 3.7** のグラフの最も重要な特徴について述べよう．点 b における圧力を P_b とすると，G の 1 階微分 $(\partial G/\partial P)_T$ が，$P = P_b$ で不連続的に変化している．$P > P_b$ における熱平衡状態と $P < P_b$ における熱平衡状態は定性的に異なる状態を記述しており，系は $P = P_b$ において，**相転移**を起こす．

3.4 気体-液体相転移

$(\partial G/\partial P)_T = V$ だから，$P < P_{\mathrm{b}}$ における V が大きい熱平衡状態は，気体状態である．一方，$P > P_{\mathrm{b}}$ における V が小さい熱平衡状態は，液体状態である．

ひとつの系について複数の熱平衡状態が可能なとき，各熱平衡状態を区別して，**相**とよぶ．液体状態の相を**液相**，気体状態の相を**気相**とよぶ．$P = P_{\mathrm{b}}$ での相転移は，気相から液相への相転移である．また，熱力学関数の 1 階微分に異常が現れるから，このような相転移を **1 次相転移**とよぶ．一方，常磁性から強磁性への転移や金属の常伝導から**超伝導**への転移は，熱力学関数の 2 階微分に異常が現れる相転移であり **2 次相転移**とよばれる．

1 次相転移の特徴は，**潜熱**が存在することである．$P = P_{\mathrm{b}}$ での 1 次相転移において，V が不連続的に変化するから，V に依存するエントロピー S も不連続的に変化する．相転移におけるエントロピーの変化分を ΔS，転移温度を T とすれば，$T\Delta S$ の潜熱が生じる．液体-気体の 1 次相転移では，潜熱を**蒸発熱**とよぶ．♣2

さて，図 **3.7** において，相転移が起きる圧力，$P = P_{\mathrm{b}}$ では点 b, d, f の 3 つの状態がある．G のグラフから，点 d の状態は G が最小となる状態ではないから，熱平衡状態ではない．一方，点 b, f は G が最小となる状態だから熱平衡状態であり，それぞれ液相と気相に対応している．ただし，この 2 つの点で G が等しいから，$P = P_{\mathrm{b}}$ ではこれら 2 つの状態が共存することになる．なお，この図の破線は，図 **3.6** の点線の圧力に一致する．v のグラフをみると，点 b の状態は点 a の状態，つまり液体状態から変化した状態とみなせる．また，点 f の状態は点 g の状態，つまり気体状態から変化した状態とみなせる．よって，圧力 $P = P_{\mathrm{b}}$ では気体と液体が共存している，ということになる．

T/T_{c} を変化させて v と G の P 依存性を図示したのが，図 **3.8** である．$T < T_{\mathrm{c}}$ では，図 **3.7** と同様に気体状態と液体状態の 2 つの状態が共存しえることがわ

♣2潜熱を最初に発見したのは，ジョゼフ ブラックである．1762 年，彼は氷が加熱されて水に変化していくときに，その途中段階で温度が一定であることに気づいた．同様に，水を加熱して蒸発させる過程においても，温度は一定のままである．彼はこれらのことから，外から与えられた熱が，氷が水に，水が水蒸気に変化することに使われると考えた．潜熱は英語で latent heat である．latent は hidden と同義で，隠れる，潜むといった意味であり，潜むというラテン語に由来する．外から与えられた熱が，あたかも隠されてしまうようにみえるので，ブラックは潜熱と名づけたのである．

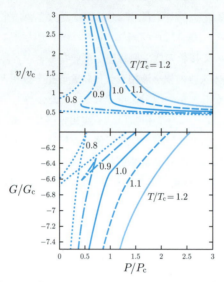

図 **3.8** 様々な温度におけるファン・デル・ワールス気体の体積およびギブス自由エネルギーの圧力依存性

かる.一方,$T > T_c$ では,v のグラフ,G のグラフ,いずれにおいても液体状態と気体状態の区別が明確でなくなる.ここで境界点となる $T = T_c$ および $P = P_c$ の状態を**臨界点**とよぶ.

臨界点は,式 (3.71) で与えられる.このことを示そう.図 **3.5** の $T/T_c = 1.0$ のグラフにおいて,$v/v_c = 1$ の点は変曲点となる.$T = T_c$ において,$v/v_c > 1$ にある極大と $v/v_c < 1$ にある極小が一致するためである.よって,$v = v_c$ において

$$\left(\frac{\partial P}{\partial v}\right)_T = 0, \qquad \left(\frac{\partial^2 P}{\partial v^2}\right)_T = 0 \tag{3.78}$$

が成り立つ.すなわち,

$$\frac{RT}{(v-b)^2} = \frac{2a}{v^3}, \qquad \frac{2RT}{(v-b)^3} = \frac{6a}{v^4} \tag{3.79}$$

この 2 式を解いて,v_c および T_c が求まる.さらに,これらの値を式 (3.70) に代入して P_c が求められる.こうして式 (3.71) が得られる.

さて,図 **3.6** に点線で示した圧力がどのように決まるかを述べよう.液体状態の G を G_l,気体状態の G を G_g と書く.図 **3.7** で示したように,G を図示

3.4 気体-液体相転移

すれば，$G_l = G_g$ となる点 b, f での圧力が求める圧力になる．しかし，G を図示しなくても，より簡単に共存状態での圧力を求めることができる．これを以下に示そう．

まず，共存状態では，$G_l = G_g$ が成り立つ．液体状態での物理量を添え字 l で，気体状態での物理量を添え字 g で表せば，$G = F + PV$ の関係から，

$$F_l + PV_l = F_g + PV_g \tag{3.80}$$

P は共存状態での圧力である．この式から，

$$F_l - F_g = P(V_g - V_l) \tag{3.81}$$

一方，ファン・デル・ワールス状態方程式 (3.69) で与えられる P を $P_{\rm vdW}$ と書くと，

$$P_{\rm vdW} = -\left(\frac{\partial F}{\partial V}\right)_T \tag{3.82}$$

V について V_l から V_g まで積分すると

$$\int_{V_l}^{V_g} dV P_{\rm vdW} = F_l - F_g \tag{3.83}$$

式 (3.81) と式 (3.83) から

$$\int_{V_l}^{V_g} dV P_{\rm vdW} = P(V_g - V_l) \tag{3.84}$$

が成り立つ．この式の左辺は，P-V 平面上において曲線 $P_{\rm vdW}$ と V 軸および $V = V_g$ の直線と $V = V_l$ の直線で囲まれた面積である．この面積が，右辺の縦の長さが P，横の長さが $V_g - V_l$ の長方形の面積に等しい．すなわち，図 **3.6** で示した S_1 と S_2 の面積が等しい条件である．このようにして，共存状態での圧力を求める方法を**マクスウェルの面積則**とよぶ．

マクスウェルの面積則を適用して，蒸気圧の温度依存性を図示したのが図 **3.9** である．例えば $P/P_c = 0.60$ のとき，$T/T_c < 0.88$ において，系は液体である．一方，$T/T_c > 0.88$ では，気体となる．$T/T_c = 0.88$ のとき，液体と気体は共存する．この液体と気体の区別は，$P = P_c$, $T = T_c$ の臨界点で存在しなくなる．図 **3.9** をファン・デル・ワールス状態方程式で記述される気体の**相図**とよぶ．

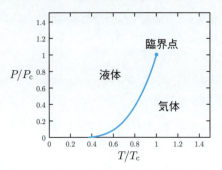

図 **3.9** ファン・デル・ワールス気体の相図

第 3 章 演習問題

演習 3.1 気体中の音速は，気体の密度 ρ，断熱圧縮率 $\kappa_S = -\frac{1}{V}\left(\frac{\partial V}{\partial P}\right)_S$ を用いて，$v = \frac{1}{\sqrt{\kappa_S \rho}}$ で与えられる．理想気体の場合に以下の問に答えよ．

(1) 比熱比を γ，気体分子の分子量を m として $v = \sqrt{\frac{\gamma RT}{m}}$ と書けることを示せ．
(2) 空気の場合，$\gamma = 1.4$，平均分子量 $m = 29$ である．$P = 1.0 \times 10^5$ Pa，$T = 300$ K における v と，この温度近傍における v の温度変化を求めよ．

演習 3.2 2 種類の理想気体 1，2 が図 **3.10** の左図のように，気体分子を通さない壁で隔てられている．容器の壁は断熱壁であり，気体の温度と圧力は等しく，T と P である．また，それぞれの体積は V_1 と V_2 である．間の壁を取り除いて，図 **3.10** の右図のように 2 つの気体が混合したとき，それぞれの気体の化学ポテンシャルの変化分を求めよ．

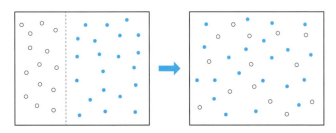

図 **3.10** 2 種類の理想気体の混合

演習 3.3 図 **3.11** に示したように，両側にピストンがついたシリンダーが細孔栓によって 2 つの領域に分けられている．ピストン，シリンダー，いずれも断熱の物質である．最初，左側に気体が封入されており，右側のピストンは細孔栓と接触していたとする．この状態から，左側のピストンに一定の圧力 P_1 をかけて，右側に気体を

押し出す．右側のピストンにかかる圧力は P_2 で一定とする．
(1) この**ジュール-トムソン過程**が等エンタルピー過程であることを説明せよ．
(2) **ジュール-トムソン係数**を，$\mu_{\mathrm{JT}} = \left(\frac{\partial T}{\partial P}\right)_H$ で定義する．$\mu_{\mathrm{JT}} > 0$ のとき，気体の温度はどのように変化するか．
(3) C_P を気体の定圧熱容量として，次式を示せ．

$$\mu_{\mathrm{JT}} = \frac{1}{C_P}\left[T\left(\frac{\partial V}{\partial T}\right)_P - V\right] \tag{3.85}$$

(4) 理想気体について，$\mu_{\mathrm{JT}} = 0$ となることを示せ．
(5) ファン・デル・ワールス気体 (3.69) について，$\mu_{\mathrm{JT}} > 0$ となる温度を求めよ．なお，ファン・デル・ワールス定数 a, b は小さいと仮定してよい．

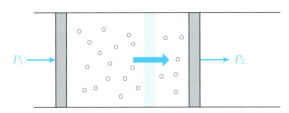

図 3.11 ジュール-トムソン過程

演習 3.4 気体と液体の間の 1 次相転移を考える．気体の物質量を n_g, 液体の物質量を n_l とし，$n_\mathrm{g} + n_\mathrm{l} = n_0$ は一定とする．例題 3.1 で示したように，気体や液体の化学ポテンシャルは P と T の関数として書けるから，それぞれの 1 mol あたりの化学ポテンシャルを $\bar{\mu}_\mathrm{g}(P,T)$, $\bar{\mu}_\mathrm{l}(P,T)$ とする．
(1) 圧力 P_c, 温度 T_c のもとで気体-液体間の 1 次相転移が起きるとき，$\bar{\mu}_\mathrm{g}(P_\mathrm{c}, T_\mathrm{c}) = \bar{\mu}_\mathrm{l}(P_\mathrm{c}, T_\mathrm{c})$ であることを示せ．
(2) 1 次相転移点における 1 mol あたりの気体と液体の体積差を Δv, 潜熱を Δq とする．次の**クラウジウス-クラペイロンの式**が成り立つことを示せ．

$$\frac{\mathrm{d}T_\mathrm{c}}{\mathrm{d}P_\mathrm{c}} = \frac{T_\mathrm{c}\Delta v}{\Delta q} \tag{3.86}$$

(3) 水が蒸発するとき，$\Delta q = 4.1 \times 10^4$ J/mol である．水蒸気の密度を 6.0×10^2 g/m³ として気圧が 6.0×10^4 Pa の地点での水の沸点を求めよ．ただし，圧力が 1.0×10^5 Pa のときの水の沸点を 100°C として，簡単のため Δv, Δq は定数とする．

演習 3.5 張力 f で引っ張ったときの長さが x であるゴムひもを考える．ゴムひもの体積変化を無視すると，熱力学第 1 法則は

$$\mathrm{d}U = T\mathrm{d}S + f\mathrm{d}x \tag{3.87}$$

(1) マクスウェルの関係式 $\left(\frac{\partial S}{\partial x}\right)_T = -\left(\frac{\partial f}{\partial T}\right)_x$ が成り立つことを示せ.
(2) a を正の定数として $f = axT$ と仮定する.エントロピー S が,$g(T)$ を T の関数として $S = -\frac{1}{2}ax^2 + g(T)$ と書けることを示せ.また,このとき U が温度のみの関数となることを示せ.
(3) x が一定のもとでの熱容量 C_x が温度に依存しないとき,断熱変化において $C_x \log T - \frac{1}{2}ax^2$ が一定であることを示せ.

演習 3.6 磁化が式 (1.10) で与えられる常磁性体のヘルムホルツの自由エネルギーを F とすると,$dF = -SdT + BdM$ である.
(1) マクスウェルの関係式 $\left(\frac{\partial S}{\partial M}\right)_T = -\left(\frac{\partial B}{\partial T}\right)_M$ が成り立つことを示せ.
(2) 磁化 M が一定のもとでの系の熱容量を C_M とする.C_M が定数のとき,$S = -\frac{M^2}{2C} + C_M \log T$ と書けることを示せ.この式から,M が増加したとき S は減少することがわかる.
(3) 磁場をかけて,$M \neq 0$ の状態にしたのち,断熱的に磁場をゼロにする.このとき,系の温度が下がることを示せ.このような冷却方法を**断熱消磁法**とよぶ.

コラム：エントロピー

　熱力学で登場するエントロピーは，初学者にとってなかなか理解することが難しい．統計力学でボルツマンの式（4章の式(4.31)）を学ぶと，エントロピーが系の状態の数と関係していることを知る．換言すれば，系が乱雑であればあるほどエントロピーが大きくなる，ということである．熱力学の範囲内でも理想気体に限れば，本文で示したようにボルツマンの式と同様の式(2.46)が導ける．

　大学で学んだ理工系の学生にとって，エントロピー増大の原理は，その表現（特に孤立系というただし書き）を正確に記憶しているかどうかは別として，当然の知識のようである．文献[4]には，文科系の人々にとってシェイクスピアを読んだことが当たり前であるのと同様に，理科系の人々にとって，エントロピー増大の原理は当たり前であるといった記述がある．

　ゴム風船を使うと，エントロピーは，肌で感じることが可能である．太めの輪ゴムでも代用できるが，ゴム風船が試しやすい．ゴム風船を素早く引っ張って額にあてると，暖かく感じる．ゴム風船を引っ張らずに額にあてたときと比べると，明らかに温度が違う．ゴムを引っ張ったときに縮もうとする力の起源は，エントロピーである．（4章の演習問題4.8参照．）

　本文で述べたように，熱力学第2法則は，「孤立系のエントロピーは増大する」である．もしこの宇宙全体が孤立系とみなせるなら，エントロピーは増大しつづけ，ついには「熱的死」に至るという考え方がある．世界の終末は，この宇宙におけるエントロピーが最大の状態というわけである．この宇宙が孤立系でなければ，もちろんエントロピー増大の法則はあてはまらない．果たして…

第 4 章

統計力学の原理

これまで熱力学について述べてきたが，この章から統計力学について述べる．統計力学では，原子や分子などのミクロな粒子の運動法則から出発して，熱力学変数で表されるマクロな法則を導く．この章では，統計力学の基礎となる事項について述べる．

4.1 統計力学とは？

前章までみてきたように，熱力学は熱の起源に立ち入ることなく，普遍的で強力な理論体系を構築する．一方，物質の構成要素は原子である．これら原子の**ミクロ**な世界と熱力学で記述されるような**マクロ**な世界はどのようにつながるだろうか．

単純に考えると，一つ一つの原子の運動を追いかけ，その全体としての振る舞いを記述すればよいように思われる．しかし，そのようなことは原理的に不可能である．原子が 1 個，2 個程度であれば，運動方程式を解くことができる．1,000 個程度であったとしても，パソコン上の数値シミュレーションで記述することが可能である．ところが，たった $1\,\mathrm{cm}^3$ の水に 3×10^{22} 個もの水分子が存在する．すべての水分子の座標と運動量のデータを保持するだけでも，標準的なパソコンが 1 兆台必要になる．♣1

こう考えると，ミクロとマクロをつなぐのは絶望的に思える．しかし，莫大な数の原子や分子が存在することを，逆に利用する方法がある．例えば，ひとつのサイコロをふって，次に出る目の数を予測することを考える．サイコロにいかさ

♣1 コンピュータ内でのデータの最小単位はビットである．1 ビットで 0 または 1 を表す．また，8 ビットを 1 バイトとよぶ．実数のデータを格納するのに，通常 8 バイトが割り当てられる．3×10^{22} 個の水分子の座標と運動量のデータは $8\times 2\times 3\times 3\times 10^{22} \simeq 10^{24}$ バイト，すなわち 10^{12} テラバイトである．パソコンのハードディスクの容量を 1 テラバイトとすれば，1 兆台必要になる．

まがなければ，当たる確率は 1/6 である．それでは，サイコロを 10,000 回ふったとして，その平均値を求めることを考えよう．実際のサイコロで実験するのはたいへんだが，パソコンで乱数を生成して計算してみると，3.5156, 3.4854, 3.5114, ... など 3.5 に近い値が得られる．このような数値実験を何度も行うと，小数点第 2 位にばらつきがみられる．回数を 100,000 回に増やすと，小数点第 3 位にばらつきがみられるようになる．章末の演習問題 4.1 のように数学的に示すことができるが，平均値からの**相対誤差**は，$1/\sqrt{N}$ のオーダーである．♣2

莫大な数の原子が存在する系でも，原子の運動の平均値として与えられる量については，正確に記述することが可能である．原子の個数が $N = 10^{24}$ の場合，相対誤差が $1/\sqrt{N} = 10^{-12}$ のオーダーとなるからである．熱力学で扱うマクロな物理量は，原子の運動による効果の平均値として与えられる．例えば，圧力は原子が壁へ衝突することで生じる力を平均化したものである．このように，莫大な数の原子が存在することで，むしろ正確に扱うことが可能になる．個々の原子の運動を追跡するのではなく，統計的な性質に着目することで解析が可能になるのである．これが，"統計" 力学とよばれる理由である．

原子や分子のミクロな運動から出発して，熱力学で扱うマクロな物理量の間の関係式が得られるのは非常に見通しがよい．また，熱力学では導出することのできない定数が，統計力学では正確に決定できる．♣3 このように，系のミクロな構成要素である粒子の運動法則と，系の熱力学的性質を結びつけるのが統計力学である．

4.2 ミクロな自由度の運動方程式と位相空間

統計力学の体系を構築していくにあたり，まずはミクロな自由度をどのように記述するかを考えよう．系の構成要素が単原子分子のみであれば，ミクロな自由度は個々の単原子分子の位置座標である．2 原子分子が構成要素である系では，分子の位置座標に加えて，分子の回転角が自由度に加わる．一般に，ミ

♣2 誤差を平均値で割った量が相対誤差である．

♣3 このように書くと，熱力学が不要のような印象を与えるかもしれないが，熱力学で得られる結果をすべて統計力学から導出することは困難である．また，一般的な状況で統計力学から熱力学を導くことは未だなされていない．

クロな自由度としては，様々な自由度がある．ミクロな自由度の運動を記述するうえで，その自由度が粒子の位置座標なのか分子の回転角なのかといったことを区別すると，記述が非常に煩雑になる．

そこで自由度の性質に依存しない記述方法があれば便利である．力学で最初に学ぶニュートン力学では，質点の座標の時間発展を微分方程式により記述する．一方，質点の座標の時間発展ではなく，質点の経路の変化を考えることで運動を記述することができる．このような力学の体系が**解析力学**である．解析力学を用いると，力学を統一的な形で記述することが可能になる．上述のように，ミクロな自由度には位置座標や回転角といった様々な自由度があるが，解析力学ではこうした自由度を**一般化座標**として統一的に扱う．

解析力学では，**ハミルトニアン**が重要な役割を演じる．ミクロな自由度を量子力学により記述する場合にも，やはりハミルトニアンが重要な役割を演じる．解析力学については付録 B に，量子力学については付録 C に簡単にまとめてある．

さて，自由度の数が M の系を考えよう．例えば，3 次元空間を動き回る N 個の単原子分子気体の系であれば，1 つの原子あたり 3 つの位置座標の自由度があるから $M = 3N$ となる．q_j を j 番目の一般化座標とする．系の**ラグランジアン**は，次式で与えられる．

$$L = L(\{q_j\}, \{\dot{q}_j\}) \tag{4.1}$$

ここで，$\{q_j\}$ や $\{\dot{q}_j\}$ は略記号であり，$\{q_j\} = (q_1, q_2, ..., q_M)$ および $\{\dot{q}_j\} = (\dot{q}_1, \dot{q}_2, ..., \dot{q}_M)$ である．付録 B で述べているように，ラグランジアンは運動エネルギーとポテンシャルエネルギーの差で与えられる．

自由度 q_j に共役な一般化運動量 p_j を

$$p_j = \frac{\partial L}{\partial \dot{q}_j} \tag{4.2}$$

によって定義する．ハミルトニアンは，次式で定義される．

$$H(\{p_j\}, \{q_j\}) = \sum_{j=1}^{M} p_j \dot{q}_j - L(\{q_j\}, \{\dot{q}_j\}) \tag{4.3}$$

ハミルトニアンは p_j, q_j の関数であることに注意しよう．ハミルトニアンを用いると，ミクロな自由度の運動方程式は

$$\frac{\mathrm{d}p_j}{\mathrm{d}t} = -\frac{\partial H}{\partial q_j} \tag{4.4}$$

$$\frac{\mathrm{d}q_j}{\mathrm{d}t} = +\frac{\partial H}{\partial p_j} \tag{4.5}$$

となる．この運動方程式を**ハミルトンの運動方程式**とよぶ．一般化座標 q_j が，位置座標，回転角，あるいは他の自由度を表していたとしても，運動方程式は形式的には同じ方程式で表される．

さて，系は $2M$ 個の変数 $q_1, q_2, ..., q_M$, $p_1, p_2, ..., p_M$ によって記述される．そこで，座標軸が $q_1, q_2, ..., q_M$, $p_1, p_2, ..., p_M$ の $2M$ 次元の空間を導入して，この空間を**位相空間**とよぼう．位相空間の点が与えられれば，$q_1, q_2, ..., q_M$, $p_1, p_2, ..., p_M$ の $2M$ 個の変数の値が定まる．ハミルトンの運動方程式によって p_j および q_j が時間変化するから，系の時間発展は位相空間の中を動き回る点として表現される．

この章の以下の節では，最も単純な系である孤立系を考える．孤立系の最も基本的な性質は，系のエネルギーが保存することである．

例題 4.1 （孤立系におけるエネルギーの保存）　系のミクロな自由度がハミルトンの運動方程式に従うとき，系のエネルギーが保存することを示せ．

[解]　系のエネルギーはハミルトニアンに一致する．そこで，ハミルトニアンの時間微分を考えると

$$\frac{\mathrm{d}}{\mathrm{d}t} H(\{p_j\}, \{q_j\}) = \sum_{j=1}^{M} \frac{\partial H}{\partial p_j}\frac{\mathrm{d}p_j}{\mathrm{d}t} + \sum_{j=1}^{M} \frac{\partial H}{\partial q_j}\frac{\mathrm{d}q_j}{\mathrm{d}t} \tag{4.6}$$

右辺にハミルトンの運動方程式 (4.4) と (4.5) を代入して

$$\frac{\mathrm{d}}{\mathrm{d}t} H(\{p_j\}, \{q_j\}) = 0 \tag{4.7}$$

よって，ハミルトニアンが時間によらず一定であるから，エネルギーが保存する．♣4　　　　　　　　　　　　　　　　　　　　　　　　　　　　　□

♣4 なお，系が孤立系ではなく，外界の一般化座標 Q と一般化運動量 P に依存する場合には，ハミルトニアンが Q と P に依存する．しかし，Q と P は外部パラメータであり，上記のエネルギー保存の証明を適用することができない．もちろん，外界も含めて全体が孤立系となる場合には，Q と P についてのハミルトンの運動方程式を代入することで，エネルギーが保存することを示せる．

時間平均と位相平均

自由度の数が M の孤立系を考えよう．系のハミルトニアンは，

$$H = H(p_1, p_2, ..., p_M, q_1, q_2, ..., q_M) \tag{4.8}$$

で与えられるとする．前節でみたように，孤立系のエネルギー E は一定である．したがって，系の時間発展は $H = E$ の条件をみたしながら位相空間内を点が運動するという形で表現される．

さて，ある物理量 A を考えよう．A は系を記述する変数である $p_1, p_2, ..., p_M, q_1, q_2, ..., q_M$ に依存するから

$$A = A(p_1, p_2, ..., p_M, q_1, q_2, ..., q_M) \tag{4.9}$$

と書ける．この表式から，p_j, q_j の時間発展がすべてわかれば，各時刻での A が決定できることになる．

$H = E$ をみたす位相空間のすべての点の集合を K と書こう．ハミルトンの運動方程式に従って，K の各点をすべて通過するのに要する時間を T_K とすれば，熱平衡状態における A の値は，次の**時間平均**で与えられる．

$$\overline{A} = \frac{1}{T_K} \int_0^{T_K} \mathrm{d}t A\left(p_1(t), p_2(t), ..., p_M(t), q_1(t), q_2(t), ..., q_M(t)\right) \tag{4.10}$$

しかしながら，4.1 節で強調したように，式 (4.10) を計算することは不可能である．そこで $\overline{A}$ が，**位相平均** $\langle A \rangle$ に等しいと仮定する．

$$\overline{A} = \langle A \rangle \tag{4.11}$$

この仮定を**エルゴード仮説**とよぶ．♣5 右辺の位相平均は次式で与えられる

$$\langle A \rangle = \frac{1}{\Omega_K} \int_K \prod_{j=1}^{M} \mathrm{d}p_j \prod_{j=1}^{M} \mathrm{d}q_j A(p_1, p_2, ..., p_M, q_1, q_2, ..., q_M) \tag{4.12}$$

♣5 古典力学的に考えると，T_K はほとんど無限大といってよいほど長い時間になる．しかし，量子力学的に考えると，孤立系ではエネルギーが確定しているので**ハイゼンベルクの不確定性原理**から時間の不確定性が無限大となる．このため，位相空間内を点が動き回るために要する時間 T_K を具体的に考える必要はない．

ここで $\Omega_K = \int_K \prod_{j=1}^{M} \mathrm{d}p_j \prod_{j=1}^{M} \mathrm{d}q_j 1$ は K の体積である．

時間平均 $\overline{A}$ を計算することは不可能だが，次節以降で述べるように位相平均 $\langle A \rangle$ を計算することは可能である．

4.4 等重率の原理

前節で述べたように，系の熱平衡状態における物理量を考えるためには位相平均を計算すればよい．では，位相平均はどのように計算できるだろうか．

この問題を考えるために，サイコロをふったときに出た目を x として x の平均を求めることを考えよう．サイコロの各目の出る確率がいずれも 1/6 で等しければ，出る目の数の平均 $\langle x \rangle$ は，次式で与えられる．

$$\langle x \rangle = \frac{1}{6}(1+2+3+4+5+6) \tag{4.13}$$

この式は，次のように解釈できる．サイコロの目の状態が 1,2,3,4,5,6 の 6 通りあり，いずれの状態が実現する確率も 1/6 である．そのため，サイコロの目の平均は式 (4.13) で与えられる．

次に，x の関数 $A(x)$ を考え，$\langle A(x) \rangle$ を求めてみよう．$\langle A(x) \rangle$ は次式で与えられる．

$$\langle A(x) \rangle = \frac{1}{6}\left[A(1)+A(2)+A(3)+A(4)+A(5)+A(6)\right] \tag{4.14}$$

さて，統計力学の問題に戻ろう．孤立系を考え，4.3 節と同様にハミルトニアンは式 (4.8) で与えられる．サイコロの目と同様に，系の互いに区別できる状態を $\alpha = \alpha_1, \alpha_2, \alpha_3, ..., \alpha_W$ とする．W は全状態の数である．ここで位相空間の各点が状態に対応するわけではない点に注意しよう．この区別については後述する．状態 α が実現する確率を P_α，状態 α における物理量 A の値を A_α とすると，物理量 A の位相平均は，次式で与えられる．

$$\langle A \rangle = \sum_\alpha P_\alpha A_\alpha \tag{4.15}$$

ここで，P_α の値が必要となるが，次のように考える．サイコロの場合には，状態の総数が 6 つある．そして，各状態が実現する確率は，1/6 である．いま

考えている孤立系についても同様に，系の状態の総数が W だから，各状態が実現する確率は，$1/W$ で与えられると仮定する．すなわち，

$$P_\alpha = \frac{1}{W} \tag{4.16}$$

である．このように，W 個の状態が実現する確率がすべて等しいとする仮定を**等重率の原理**とよぶ．式 (4.16) で与えられる確率分布を**小正準分布**とよび，小正準分布に従う統計集団を**小正準集団**とよぶ．

4.5 状態数

前節で述べた等重率の原理により，物理量の位相平均を求めるためには状態数 W が求められればよいということになる．結論を先に述べると，孤立系の状態数 W は

$$E - \frac{\delta E}{2} < H(p_1, p_2, ..., p_M, q_1, q_2, ..., q_M) < E + \frac{\delta E}{2} \tag{4.17}$$

をみたす位相空間の領域の体積を h^M で割った量で与えられる．孤立系のエネルギーは保存しているから，δE は状態数を数えるために便宜的に導入した微小エネルギーである．h は角運動量の次元をもつ定数であり，後にプランク定数であることがわかる．

状態数 W の数え方をもう少し詳しくみてみよう．ミクロな自由度が古典力学で記述される場合と量子力学で記述される場合を分けて考える．W の計算においては，古典力学よりも量子力学のほうが圧倒的に簡単である．例として，調和振動子を考えよう．多数の調和振動子からなる系を考える前に，まずは単独の調和振動子の系を考える．

調和振動子のハミルトニアンは，質点の位置座標を q，運動量を p，質点の質量を m，調和振動子の角振動数を ω として次式で与えられる．

$$H = \frac{p^2}{2m} + \frac{1}{2} m \omega^2 q^2 \tag{4.18}$$

量子力学的な調和振動子の場合，エネルギー固有値は

$$\varepsilon_n = \left(n + \frac{1}{2}\right) \hbar \omega \tag{4.19}$$

で与えられる．n は非負の整数で，$n = 0, 1, 2, 3, \ldots$ である．調和振動子の状態は n の値によって区別される．

他の量子力学的な系でも同様である．量子力学的な系の特徴はエネルギー準位が離散的なことである．したがって，状態が整数を用いてラベルづけされるため，状態数を計算する上であいまいさがない．

一方，古典力学に従う場合はどうであろうか．同じく調和振動子を考える．ハミルトンの運動方程式を解くと，p-q 平面で，図 **4.1** のような軌跡を描くことがわかる．軌跡は一般に楕円軌道であり，調和振動子のエネルギー ε によって長軸と短軸の長さが決まる．楕円軌道によって p-q 平面で囲まれる面積を $A(\varepsilon)$ とすると，

$$A(\varepsilon) = \pi \sqrt{2m\varepsilon} \times \sqrt{\frac{2\varepsilon}{m\omega^2}} = \frac{2\pi}{\omega}\varepsilon \tag{4.20}$$

$A(\varepsilon)$ は連続的に変化する点に注意しよう．

さて，この古典的な運動において，状態をどのように定義すればよいであろうか．まず，q が異なる点を区別すべきかどうかがあいまいである．さらに，軌道が連続的に変化するため，1つ，2つといったような数え方ができない．

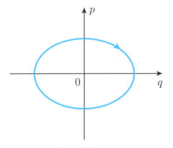

図 **4.1** 調和振動子の場合の位相空間，p-q 平面における軌道

このように連続的に変化している量を数える場合の常套手段は，基本となる単位を導入してその単位の何個分かという形で数えることである．p-q 平面での面積は角運動量の次元をもつ．そこで，角運動量の次元をもつ定数 h を導入して，h を単位として p-q 平面の面積を数えることにする．いま考えている調和振動子の問題では n を非負の整数として，

$$nh < A(\varepsilon) < (n+1)h \tag{4.21}$$

をみたす軌道を1つの状態と数える．この数え方では，q が異なる点は区別する必要はない．ここで導入した h は，量子力学との対応でいうとプランク定数に他ならない．また，考える状態は量子力学的状態に1対1に対応する．

調和振動子の問題に限らず，一般に q_j を一般化座標，p_j を q_j に共役な一般化運動量とすれば，p_j と q_j の積は必ず角運動量の次元をもつ．したがって，p_j-q_j 平面での面積を，h を単位として数えることで状態数を定義する．このようにして，古典力学に従う系であっても，明確に状態数を定義することができる．

4.6 状態数と統計力学的エントロピー

さて，いよいよミクロな自由度とマクロな自由度を結びつけよう．ここで重要な役割を演じるのが状態数 W である．孤立系を考え，系のエントロピー S が状態数 W の関数であると仮定する．つまり

$$S = S(W) \tag{4.22}$$

とする．系を2つの部分系 A と B に分ける．それぞれの部分系の状態数を W_A, W_B とすると，全系の状態数は

$$W = W_\mathrm{A} W_\mathrm{B} \tag{4.23}$$

W_A, W_B を用いると，式 (4.22) よりそれぞれの部分系のエントロピーは

$$S_\mathrm{A} = S(W_\mathrm{A}), \qquad S_\mathrm{B} = S(W_\mathrm{B}) \tag{4.24}$$

エントロピーは示量変数だから，相加性により全エントロピーは部分系のエントロピーの和で与えられ

$$S(W) = S(W_\mathrm{A}) + S(W_\mathrm{B}) \tag{4.25}$$

式 (4.23) と式 (4.25) から

$$S(W_\mathrm{A} W_\mathrm{B}) = S(W_\mathrm{A}) + S(W_\mathrm{B}) \tag{4.26}$$

W_B で偏微分すると

$$W_\mathrm{A} S'(W_\mathrm{A} W_\mathrm{B}) = S'(W_\mathrm{B}) \tag{4.27}$$

$x = W_\text{A} W_\text{B}$ とおくと
$$S'(x) = \frac{W_\text{B} S'(W_\text{B})}{x} \tag{4.28}$$
W_B を一定にして，x で積分すれば
$$S(x) = C_1 \log(x) + C_2 \tag{4.29}$$
ここで $C_1 = W_\text{B} S'(W_\text{B})$，$C_2$ は定数である．♣6 式 (4.29) を式 (4.26) に代入して $C_2 = 0$ がわかる．よって
$$S(x) = C_1 \log(x) \tag{4.30}$$
定数 C_1 は，エネルギーと温度の単位の違いに関係する定数である．温度をエネルギーと同じ単位にとるならば，$C_1 = 1$ としてよい．温度の単位をケルビン (K) にとる場合には，$C_1 = k_\text{B}$ ととればよい．k_B はボルツマン定数である．ゆえに
$$S = k_\text{B} \log W \tag{4.31}$$
この式は**ボルツマンの式**とよばれる．導出過程からわかるように，この式を導出する上で仮定しているのは，エントロピー S が状態数 W の関数であるということのみである．♣7

4.7 小正準分布の応用

小正準分布の応用をいくつかみてみよう．

4.7.1 理想気体

単原子分子理想気体の系を考えよう．小正準分布を適用するから，系は孤立

♣6 式 (4.29) の対数は自然対数だが，異なる底を選ぶときには C_1 の値を変えればよい．

♣7 注意深い読者は，式 (4.23) に疑問をもたれたかもしれない．部分系 A と B に分ける際，厳密には境界における状態数も考慮する必要がある．この状態数を W_AB とすると，$k_\text{B} \log W_\text{AB}$ は系 A と系 B の境界におけるエントロピーになる．しかし，この境界におけるエントロピーは，部分系の体積ではなく表面積に比例する．一方，S_A や S_B が部分系の体積に比例するから，境界からの寄与は，無視することができる．(一辺が L の立方体の系であれば，表面積と体積の比は $L^2/L^3 = 1/L$ となるから，$L \to \infty$ の極限でゼロになる．)

系だとして,エネルギーを E,体積を V とする.気体分子の個数を N,1つの気体分子の質量を m,j 番目の気体分子の運動量を $\boldsymbol{p}_j = (p_{jx}, p_{jy}, p_{jz})$ とする.系のハミルトニアンは,次式で与えられる.

$$H = \sum_{j=1}^{N} \frac{1}{2m} \left(p_{jx}^2 + p_{jy}^2 + p_{jz}^2 \right) \tag{4.32}$$

さて,式 (4.17) によって状態数 $W(E)$ を計算したい.しかし,$W(E)$ よりも $H \leq E$ である状態数 $\Omega(E)$ を求めるほうが計算が容易である.$H \leq E$ より

$$\sum_{j=1}^{N} \left(p_{jx}^2 + p_{jy}^2 + p_{jz}^2 \right) \leq 2mE \tag{4.33}$$

この式は半径 $\sqrt{2mE}$ の $3N$ 次元超球を表す式である.正確な計算は章末の演習問題 4.6 で求めるが,重要な点は体積が $E^{3N/2}$ に比例するということである.j 番目の粒子の位置座標を $\boldsymbol{q}_j$ とすると,$\Omega(E)$ は次式によって計算される.

$$\Omega(E) = \frac{1}{h^{3N} N!} \int \prod_{j=1}^{N} \mathrm{d}^3 \boldsymbol{q}_j \int_{H \leq E} \prod_{j=1}^{N} \mathrm{d}^3 \boldsymbol{p}_j \propto \frac{V^N}{N!} E^{3N/2} \tag{4.34}$$

ここで右辺において $N!$ で割っているのは,状態を数える上で粒子を区別できないことによる.このことを同種粒子の**不可弁別性**とよぶ.

$\Omega(E)$ を用いると,式 (4.17) より

$$W(E) = \Omega\left(E + \frac{1}{2}\delta E\right) - \Omega\left(E - \frac{1}{2}\delta E\right) \simeq \frac{\mathrm{d}\Omega}{\mathrm{d}E}\delta E \tag{4.35}$$

δE は,状態数 $W(E)$ が一意的に定まるように選べばよく,1つの気体分子の運動エネルギーのオーダーである.この式と式 (4.34) から $W(E) \simeq (3/2)(V^N/(N-1)!)E^{(3N/2)-1}\delta E$ となるから,ボルツマンの式より

$$S = C_1 \log W \simeq C_1 \left(\frac{3}{2} N \log E + N \log V + \cdots \right) \tag{4.36}$$

ここで $C_1 = k_\mathrm{B}$ となることをみるために,式 (4.30) のように,ボルツマンの式での定数を C_1 としている.また,熱力学的系を考えているから $N \gg 1$ であり,$3N/2 - 1 \simeq 3N/2$ とした.右辺の「$\cdots$」は E と V を含まない項である.熱力学の関係式より

$$\frac{\partial S}{\partial E} = \frac{1}{T} \tag{4.37}$$

式 (4.36) を代入して整理すると

$$E = \frac{3}{2} N C_1 T \tag{4.38}$$

この式は理想気体の内部エネルギーの表式だから，$C_1 = k_B$ ととればよいことがわかる．

次に，理想気体の状態方程式を導出しよう．熱力学の関係式

$$\frac{\partial S}{\partial V} = \frac{P}{T} \tag{4.39}$$

に式 (4.36) を代入して整理すると

$$PV = N k_B T \tag{4.40}$$

となる．気体の物質量を n，$R = N_A k_B$ を気体定数とすれば

$$PV = nRT \tag{4.41}$$

こうして理想気体の状態方程式が導出される．

4.7.2 古典的調和振動子

古典力学に従う N 個の調和振動子の系を考えよう．この系は固体の比熱の単純なモデルとみなすことができる．固体中のイオンは，それぞれのイオンの平衡点のまわりで微小振動しているとみなせる．簡単のため，振動方向は1つの方向に限られるとしよう．ハミルトニアンは次式で与えられる．

$$H = \sum_{j=1}^{N} \left(\frac{p_j^2}{2m} + \frac{1}{2} m \omega^2 q_j^2 \right) \tag{4.42}$$

q_j は平衡点からのイオンの変位を表す．p_j は運動量で，m はイオンの質量，ω は振動の角振動数である．

系は孤立系で，エネルギーを E とする．理想気体の場合と同様に $W(E)$ ではなく $H \leq E$ の状態数 $\Omega(E)$ を考える．$p_j = \sqrt{2m} x_j$，$q_j = \sqrt{\frac{2}{m\omega^2}} x_{N+j}$ と変数変換すると $H \leq E$ より

$$x_1^2 + x_2^2 + \cdots + x_{2N}^2 \leq E \tag{4.43}$$

となる．この不等式で表されるのは半径 $\sqrt{E}$ の $2N$ 次元超球である．よって，

$$\Omega(E) \propto E^N \tag{4.44}$$

だから，理想気体の場合の式 (4.35) と同様に考えて，

$$W(E) = \frac{d\Omega}{dE} \delta E \propto N E^{N-1} \delta E \tag{4.45}$$

ボルツマンの式を適用して

$$S = k_{\rm B} \log W = N k_{\rm B} \log E + \text{const.} \tag{4.46}$$

ここで右辺の定数項は，E を含まない．また，$N \gg 1$ として $N-1 \simeq N$ としている．熱力学の関係式

$$\frac{1}{T} = \frac{\partial S}{\partial E} \tag{4.47}$$

を適用して

$$\frac{1}{T} = \frac{N k_{\rm B}}{E} \tag{4.48}$$

よって，$E = N k_{\rm B} T$ となるから，熱容量 C は

$$C = N k_{\rm B} = nR \tag{4.49}$$

となる．$n = N/N_{\rm A}$ はイオンの物質量である．固体中のイオンは 3 次元的に振動しているから，振動方向が 3 方向であるとすると，ハミルトニアンは

$$H = \sum_{j=1}^{N} \left[\frac{1}{2m} \left(p_{jx}^2 + p_{jy}^2 + p_{jz}^2 \right) + \frac{1}{2} m \omega^2 \left(q_{jx}^2 + q_{jy}^2 + q_{jz}^2 \right) \right] \tag{4.50}$$

となる．振動方向が 1 方向の場合の計算と同様に変数変換を行って計算すると，熱容量は

$$C = 3nR \tag{4.51}$$

となる．この結果は，単原子分子理想気体の場合の 2 倍になっており，**デュロン-プティの法則**とよばれる．

4.7.3 量子力学的調和振動子

固体の熱容量におけるデュロン-プティの法則は，高温でよく成り立つ．しかし，低温になるとデュロン-プティの法則からのずれが顕著になる．実はこの低温での熱容量の減少は量子力学的効果によるものである．古典的調和振動子の系ではなく，量子力学に従う調和振動子の系を考えよう．ハミルトニアンは式 (4.42) で与えられる．量子力学を適用すると，

$$H = \sum_{j=1}^{N} \hbar\omega \left(n_j + \frac{1}{2} \right) \quad (4.52)$$

ここで $n_j = 0, 1, 2, ...$ である．

量子力学に従う系の場合には，$W(E)$ を直接計算できる．$H = E$ の条件を整理すると

$$n_1 + n_2 + \cdots + n_N = M \quad (4.53)$$

ただし，

$$M = \frac{E}{\hbar\omega} - \frac{N}{2} \quad (4.54)$$

である．$n_j \geq 0$ $(j = 1, 2, ..., N)$ だから，M を各 n_j に分配すると考える．図 4.2 に示したように M 個の丸に $N-1$ 個の仕切りを入れると考えれば，状態数 W は

$$W = \frac{(M+N-1)!}{M!(N-1)!} \quad (4.55)$$

$N \gg 1$ として，$N-1$ を N に置き換えて，ボルツマンの式を適用する．スターリングの公式 (A.46) を用いれば

$$S = k_\text{B} \log W \simeq k_\text{B} \left[(M+N) \log (M+N) - M \log M - N \log N \right] \quad (4.56)$$

この式より

$$\frac{1}{T} = \frac{\partial S}{\partial E} = \frac{dM}{dE} \frac{\partial S}{\partial M} = \frac{k_\text{B}}{\hbar\omega} \log \left(\frac{M+N}{M} \right) \quad (4.57)$$

M について解き，E の表式を求めると

$$E = \hbar\omega \left(M + \frac{N}{2} \right) = N\hbar\omega \left(\frac{1}{e^{\hbar\omega/k_\text{B} T} - 1} + \frac{1}{2} \right) \quad (4.58)$$

したがって，熱容量は

$$C = \frac{dE}{dT} = Nk_B \left(\frac{\hbar\omega}{k_B T}\right)^2 \frac{e^{(\hbar\omega/k_B T)}}{\left(e^{(\hbar\omega/k_B T)} - 1\right)^2} \quad (4.59)$$

$T \gg \hbar\omega/k_B$ のとき，$e^{(\hbar\omega/k_B T)} \simeq 1 + (\hbar\omega/k_B T)$ だから $C \simeq Nk_B = nR$ となる．振動方向が 3 方向の場合には，$C \simeq 3Nk_B = 3nR$ となって，デュロン-プティの法則 (4.51) を再現する．一方，$T \ll \hbar\omega/k_B$ の低温では $e^{(\hbar\omega/k_B T)} \gg 1$ だから

$$C \simeq Nk_B \left(\frac{\hbar\omega}{k_B T}\right)^2 e^{-\hbar\omega/(k_B T)} \quad (4.60)$$

となり，$T \to 0$ で $C \to 0$ となる．

ここで考えた固体の比熱のモデルは**アインシュタイン模型**とよばれる．低温で熱容量がゼロに近づく振る舞いは，実験と一致する．しかし，低温での熱容量の温度依存性は T^3 に従うことが知られている．この振る舞いを説明するには，イオンの振動をより正確に記述した**デバイ模型**を用いる必要がある．これについては，6.5 節で述べる．

図 **4.2** 量子力学的調和振動子における状態数の数え方．
K 個の丸と $N-1$ 個の棒の並べ替えを考える．隣り合う 2 つの棒の間にある丸の数が n_j の値である．この図では，$n_1 = 3$, $n_2 = 2$, $n_N = 2$ となる．

第 4 章　演習問題

演習 4.1 N 回コインを投げて，1 回ごとに表か裏かを記録する．表が出る確率も裏が出る確率も，いずれも $\frac{1}{2}$ とする．表を 1，裏を 0 として，j 回目の値を x_j で表すと，$x_j = 0, 1$ である．

$$X = \sum_{j=1}^{N} x_j \tag{4.61}$$

とおく．以下の問に答えよ．
(1) X の平均値 $\langle X \rangle$ が，$\frac{N}{2}$ となることを示せ．
(2) $\langle x_j^2 \rangle = \frac{1}{2}$ を示せ．
(3) X の平均値からの相対誤差 $\frac{\sqrt{\langle (X - \langle X \rangle)^2 \rangle}}{\langle X \rangle}$ が，$\frac{1}{\sqrt{N}}$ に等しいことを示せ．

演習 4.2 N 個の気体分子が体積 V の容器に封入されている．容器中に体積 v の小領域を考え，この小領域の中にある気体分子の数を n とする．容器内の任意の場所において，個々の気体分子の存在確率は等しいと仮定する．
(1) $\langle n \rangle = \frac{Nv}{V}$ を示せ．
(2) j 番目の気体分子について変数 p_j を導入し，この気体分子が小領域に存在する場合を $p_j = 1$，存在しない場合を $p_j = 0$ と表す．この変数について，$\langle p_j \rangle$ と $\langle p_j^2 \rangle$ を求め，$\frac{\sqrt{\langle (n - \langle n \rangle)^2 \rangle}}{\langle n \rangle} = O\left(\frac{1}{\sqrt{N}}\right)$ を示せ．$n = \sum_{j=1}^{N} p_j$ と書けることを用いよ．

演習 4.3 **気体分子運動論**では，気体の内部エネルギーは，気体分子の運動エネルギーの和に等しく，単原子分子気体の場合には次式で与えられる．

$$\frac{3}{2} N k_{\mathrm{B}} T = \frac{1}{2} m \sum_{j=1}^{N} \left(v_{jx}^2 + v_{jy}^2 + v_{jz}^2 \right) \tag{4.62}$$

ここで N は気体分子の数，m は 1 つの気体分子の質量である．(v_{jx}, v_{jy}, v_{jz}) は j 番目の気体分子の速度ベクトルである．この式と，2 つの仮定 (i) 気体分子はどの方向にも同じように運動している，(ii) 気体分子の速度成分 v_{jx}, v_{jy}, v_{jz} は互いに独立，から，1 つの気体分子が従う速度分布関数として，次の**マクスウェルの速度分布則**が得られることを示せ．

$$f(v_x, v_y, v_z) = \left(\frac{m}{2\pi k_{\mathrm{B}} T} \right)^{\frac{3}{2}} \exp\left(-\frac{m}{2 k_{\mathrm{B}} T} \left(v_x^2 + v_y^2 + v_z^2 \right) \right) \tag{4.63}$$

演習 4.4 N 個の気体分子から成る孤立系を考える．気体分子の速度ベクトルとして，$\boldsymbol{u}_1, \boldsymbol{u}_1, ..., \boldsymbol{u}_K$ の K 通りしかないと仮定する．ラグランジュの未定乗数法を用いて，マクスウェルの速度分布則 (4.63) を導出せよ．

演習 4.5 量子力学によって記述される孤立系がある．この系のエネルギーが保存することを示せ．

演習 4.6 半径 r の n 次元超球の体積 $V_n(r)$ が，次式で与えられることを示せ．

$$V_n(r) = \frac{\pi^{\frac{n}{2}}}{\Gamma\left(\frac{n}{2}+1\right)} r^n \tag{4.64}$$

演習 4.7 N 個の独立な粒子からなる孤立系がある．各粒子は ε または $-\varepsilon$ の2つの状態しかとりえないとする．ただし，$\varepsilon > 0$ である．
(1) M を負の整数として，全エネルギーが $E = M\varepsilon$ で与えられるとき，状態数 $W(E)$ を N と M を用いて表せ．
(2) $N + M \gg 1$ および $N - M \gg 1$ とする．スターリングの公式を用いて，次式を示せ．

$$S \simeq k_{\rm B} \left[N \log N - \frac{N+M}{2} \log\left(\frac{N+M}{2}\right) - \frac{N-M}{2} \log\left(\frac{N-M}{2}\right) \right] \tag{4.65}$$

(3) E と系の温度 T の関係を求めよ．
(4) この系の熱容量を求めよ．

演習 4.8 ゴムのモデルとして，図 4.3 のように長さ a の高分子が N 個連結している系を考える．1つの高分子を基準として，x 軸の正の向きに連結する高分子の数を N_+，負の向きに連結する高分子の数を N_- とする．
(1) $N_+ > N_-$ を仮定する．状態数 W を N, $\ell = (N_+ - N_-)a$, a を用いて表せ．
(2) $N_\pm \gg 1$ を仮定してスターリングの公式を適用し，エントロピーの近似式を求めよ．
(3) 高分子が連結部分で自由に折れ曲がるとして，フックの法則が成り立つことを示せ．

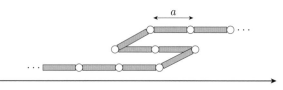

図 4.3 ゴムのモデル．
長方形の部分は高分子を表す．丸の部分が高分子間の連結部分である．

第5章

正準分布と大正準分布

前章で述べた孤立系における統計力学の定式化を基礎として，この章では温度が一定の系を考える．分配関数とよばれる量が，熱力学関数と結びつくことを示す．力学で運動方程式が解ければ問題が解けたと言えるように，統計力学では分配関数が計算できれば問題がほぼ解けたことになる．

5.1 正準分布の導出

温度が一定の系 A を考える．系 A は温度 T の熱浴 B と接触しており，着目する系 A に対して，熱浴 B は非常に大きく，熱浴への系の影響は無視できると仮定する．系 A と熱浴 B を合わせた全系 A+B は，孤立系であると仮定し，前章で述べた小正準分布を適用する．

系 A と熱浴 B の間では，エネルギーのやりとりのみが存在すると仮定する．粒子のやりとりはなく，系 A の粒子数は一定である．全系 A+B の全エネルギーを E_0 とすると，仮定より系 A+B は孤立系だから E_0 は一定である．系 A のエネルギーを E，熱浴 B のエネルギーを E_B とすると，

$$E_B = E_0 - E \tag{5.1}$$

さて，明らかにしたいのは，系 A がある状態 ℓ にある確率 P_ℓ である．状態 ℓ のエネルギーを E_ℓ とする．ここで，系 A がとりえるすべての状態を区別する．$\ell \neq \ell'$ であっても，エネルギーが等しい，つまり $E_\ell = E_{\ell'}$ の場合がありえる．

系 A のエネルギーが E のときの系 A の状態数を $W_A(E)$ と書こう．一方，熱浴 B のエネルギーは $E_0 - E$ だから，熱浴 B の状態数を $W_B(E_0 - E)$ と書く．全系の状態数 W_0 は E の関数であり，次式で与えられる．

$$W_0(E) = W_A(E) W_B(E_0 - E) \tag{5.2}$$

両辺の自然対数をとる．$\log W_B(E_0 - E)$ において $|E/E_0| \ll 1$ として E について展開すると

$$\log W_{\mathrm{B}}(E_0 - E) = \log W_{\mathrm{B}}(E_0) - E\frac{\mathrm{d}}{\mathrm{d}E_0}\log W_{\mathrm{B}}(E_0)$$
$$+ \frac{1}{2}E^2\frac{\mathrm{d}^2}{\mathrm{d}E_0^2}\log W_{\mathrm{B}}(E_0) + \cdots \tag{5.3}$$

ここで $W_{\mathrm{B}}(E_0)$ は系 B のみの場合の状態数だから，孤立系におけるボルツマンの式を適用することができて

$$\log W_{\mathrm{B}}(E_0) = \frac{1}{k_{\mathrm{B}}}S_{\mathrm{B}}(E_0) \tag{5.4}$$

よって，式 (5.3) の右辺における $\log W_{\mathrm{B}}(E_0)$ は $S_{\mathrm{B}}(E_0)$ で置き換えることができるから，

$$\log W_{\mathrm{B}}(E_0 - E) = \frac{1}{k_{\mathrm{B}}}S_{\mathrm{B}}(E_0) - \frac{S_{\mathrm{B}}'(E_0)}{k_{\mathrm{B}}}E + \frac{1}{2k_{\mathrm{B}}}S_{\mathrm{B}}''(E_0)E^2 + \cdots$$
$$= \frac{1}{k_{\mathrm{B}}}S_{\mathrm{B}}(E_0) - \frac{E}{k_{\mathrm{B}}T}\left(1 + \frac{E}{2TC_{\mathrm{B}}}\right) + \cdots \tag{5.5}$$

ここで，熱浴 B の温度が T であることから

$$S_{\mathrm{B}}'(E_0) = \frac{1}{T} \tag{5.6}$$

$$S_{\mathrm{B}}''(E_0) = \frac{\mathrm{d}}{\mathrm{d}E_0}\left(\frac{1}{T}\right) = -\frac{1}{T^2}\frac{\mathrm{d}T}{\mathrm{d}E_0} \tag{5.7}$$

であることを用いた．また，熱浴 B の熱容量を $C_{\mathrm{B}} = \mathrm{d}E_0/\mathrm{d}T$ とおいた．

熱浴 B の温度を T だけ上昇させるのに必要な熱量は TC_{B} となるが，$TC_{\mathrm{B}} \gg E$ が成り立つほどに熱浴 B が系 A よりも大きいとすれば

$$\log W_{\mathrm{B}}(E_0 - E) \simeq \frac{1}{k_{\mathrm{B}}}S_{\mathrm{B}}(E_0) - \frac{E}{k_{\mathrm{B}}T} \tag{5.8}$$

よって式 (5.2) の自然対数をとった式から

$$\log W_0(E) \simeq \log W_{\mathrm{A}}(E) + \frac{1}{k_{\mathrm{B}}}S_{\mathrm{B}}(E_0) - \frac{E}{k_{\mathrm{B}}T} \tag{5.9}$$

ゆえに

$$W_0(E) \simeq CW_{\mathrm{A}}(E)\,\mathrm{e}^{-\beta E} \tag{5.10}$$

ここで C は E によらない定数であり，$\beta = 1/(k_{\mathrm{B}}T)$ である．

エネルギーが E である状態は $W_{\mathrm{A}}(E)$ 個あるから，$W_{\mathrm{A}}(E)$ 個ある状態のう

ち，ひとつの状態 ℓ が実現する確率 P_ℓ は，

$$P_\ell \propto \mathrm{e}^{-\beta E_\ell} \tag{5.11}$$

規格化条件 $\sum_\ell P_\ell = 1$ から比例係数が定まり，

$$P_\ell = \frac{1}{Z}\mathrm{e}^{-\beta E_\ell} \tag{5.12}$$

ここで Z は**分配関数**とよばれ

$$Z = \sum_\ell \mathrm{e}^{-\beta E_\ell} \tag{5.13}$$

で与えられる．ここで状態 ℓ についての和は，系 A のすべての状態についての和である．式 (5.12) の確率分布を**正準分布**，式 (5.12) の確率分布に従う統計集団を**正準集団**とよぶ．

5.2 分配関数と熱力学関数

小正準分布では状態数 W とエントロピーが結びついた．正準分布では分配関数 Z と熱力学関数が結びつく．Z の定義式 (5.13) からすぐに得られる関係式は，分配関数と系の内部エネルギーの関係式

$$U = -\frac{\partial}{\partial \beta} \log Z \tag{5.14}$$

である．右辺を計算すると

$$-\frac{\partial}{\partial \beta}\log Z = -\frac{1}{Z}\frac{\partial Z}{\partial \beta} = \frac{1}{Z}\sum_\ell E_\ell \mathrm{e}^{-\beta E_\ell} = \sum_\ell P_\ell E_\ell \tag{5.15}$$

この量は系のエネルギーの期待値に他ならないから，式 (5.14) が得られる．

分配関数 Z は，ヘルムホルツ自由エネルギー F と次の関係式によって結ばれる．

$$F = -\frac{1}{\beta}\log Z \tag{5.16}$$

この等式は次のように理解できる．まず，熱力学における関係式として

$$\frac{\partial}{\partial \beta}(\beta F) = F + \beta \frac{\partial F}{\partial \beta} = F + \beta \frac{\mathrm{d}T}{\mathrm{d}\beta}\frac{\partial F}{\partial T} \tag{5.17}$$

この式に $dT/d\beta = -k_B T^2$ および $\partial F/\partial T = -S$ を代入すると，

$$\frac{\partial}{\partial \beta}(\beta F) = F + ST = U \tag{5.18}$$

右辺に式 (5.14) を代入して，両辺を β について積分すれば，積分定数をゼロとおいて式 (5.16) が得られる．別の導出が，章末の演習問題 5.6 にある．

5.3 正準分布の応用

正準分布の応用例をいくつかみてみよう．

5.3.1 理 想 気 体

前章で孤立系に小正準分布を適用して理想気体の状態方程式等を導出した．ここでは，熱浴に接した理想気体について，状態方程式を導出しよう．小正準分布の場合には，エネルギーが一定という制限がついていたが，正準分布の場合にはこの制限がない．そのため，以下に示すように計算は正準分布の場合のほうがずっと簡単になる．

体積 V の容器内にある理想気体を考える．気体分子は質量 m の単原子分子であるとして，気体分子の数を N とする．気体分子間の相互作用を無視し，系は温度 T の熱浴に接していると仮定する．j 番目の分子の位置座標を $\boldsymbol{q}_j = (q_{jx}, q_{jy}, q_{jz})$ とし，運動量を $\boldsymbol{p}_j = (p_{jx}, p_{jy}, p_{jz})$ とする．ハミルトニアンは

$$H = \sum_{j=1}^{N} \frac{\boldsymbol{p}_j^2}{2m} \tag{5.19}$$

である．運動量と座標，$\boldsymbol{p}_1, \boldsymbol{q}_1, \boldsymbol{p}_2, \boldsymbol{q}_2, ..., \boldsymbol{p}_N, \boldsymbol{q}_N$ の $6N$ 次元空間を体積 h^{3N} の小領域に分割する．それぞれの小領域が状態 ℓ に対応する．分配関数 Z は

$$Z = \frac{1}{N! h^{3N}} \int \prod_{j=1}^{N} d^3 \boldsymbol{q}_j \int \prod_{j=1}^{N} d^3 \boldsymbol{p}_j e^{-\beta H} \tag{5.20}$$

ここで，孤立系の状態数 (4.35) と同様に，気体分子の不可弁別性から，$1/N!$ の因子がある．Z の表式において，$\boldsymbol{p}_j$ の積分に制限がない点に注意しよう．$\boldsymbol{q}_j$ の積分を実行すると体積 V となるから，

$$Z = \frac{V^N}{N!h^{3N}} \int \prod_{j=1}^{N} \mathrm{d}^3 \boldsymbol{p}_j \exp\left(-\frac{\beta}{2m} \sum_{j=1}^{N} \boldsymbol{p}_j^2\right) \tag{5.21}$$

$\boldsymbol{p}_j$ の積分はそれぞれ独立に行うことができ，公式 (A.37) を用いると

$$Z = \frac{V^N}{N!h^{3N}} \left(\frac{2\pi m}{\beta}\right)^{3N/2} \tag{5.22}$$

式 (5.16) を用いて

$$F = -\frac{1}{\beta} \log Z = -\frac{1}{\beta} \left(N \log V + \frac{3}{2} N \log T + \cdots\right) \tag{5.23}$$

ここで省略した項は V, T に依存しない項である．この式と $P = -\partial F/\partial V$ より，$P = N/(\beta V)$ が得られるから，$PV = Nk_\mathrm{B}T$ となって，理想気体の状態方程式が得られる．

式 (5.14) を用いると

$$U = -\frac{\partial}{\partial \beta} \log Z = -\frac{\partial}{\partial \beta} \left(-\frac{3}{2} N \log \beta + \cdots\right) = \frac{3}{2} Nk_\mathrm{B}T \tag{5.24}$$

よって，単原子分子理想気体の内部エネルギーの表式が得られる．

5.3.2 古典的調和振動子

次に，N 個の古典的調和振動子の系を考えよう．各調和振動子は 3 方向に振動しているとする．ハミルトニアンは

$$H = \sum_{j=1}^{N} \left[\frac{1}{2m}\left(p_{jx}^2 + p_{jy}^2 + p_{jz}^2\right) + \frac{1}{2}m\omega^2\left(q_{jx}^2 + q_{jy}^2 + q_{jz}^2\right)\right] \tag{5.25}$$

分配関数は

$$\begin{aligned}
Z &= \frac{1}{h^{3N}} \int \prod_{j=1}^{N} \mathrm{d}^3 \boldsymbol{q}_j \int \prod_{j=1}^{N} \mathrm{d}^3 \boldsymbol{p}_j \mathrm{e}^{-\beta H} \\
&= \frac{1}{h^{3N}} \int \prod_{j=1}^{N} \mathrm{d}^3 \boldsymbol{q}_j \exp\left(-\frac{\beta m \omega^2}{2} \sum_{j=1}^{N} \left(q_{jx}^2 + q_{jy}^2 + q_{jz}^2\right)\right) \\
&\quad \times \int \prod_{j=1}^{N} \mathrm{d}^3 \boldsymbol{p}_j \exp\left(-\frac{\beta}{2m} \sum_{j=1}^{N} \left(p_{jx}^2 + p_{jy}^2 + p_{jz}^2\right)\right)
\end{aligned} \tag{5.26}$$

理想気体の場合と異なり，$1/N!$ の因子がないことに注意しよう，q_j はそれぞれの調和振動子の平衡の位置からの変位であり，調和振動子の位置は区別されるから，$1/N!$ の因子は不要である．公式 (A.37) を適用して積分を実行すると，

$$Z = \frac{1}{h^{3N}} \left(\frac{2\pi}{\beta m \omega^2}\right)^{3N/2} \left(\frac{2\pi m}{\beta}\right)^{3N/2} = \left(\frac{2\pi}{\beta \hbar \omega}\right)^{3N} = (\beta \hbar \omega)^{-3N} \quad (5.27)$$

式 (5.14) を適用して

$$U = -\frac{\partial}{\partial \beta} \log Z = 3N k_B T \quad (5.28)$$

を得る．この式から，熱容量 $C = 3Nk_B$，すなわちデュロン-プティの法則が得られる．

5.3.3 量子力学的調和振動子

量子力学的調和振動子の系を考える．ハミルトニアンは

$$H = \sum_{j=1}^{N} \sum_{\alpha=x,y,z} \hbar\omega \left(n_{j\alpha} + \frac{1}{2}\right) \quad (5.29)$$

となる．非負の整数 $n_{j\alpha}$ の値の組，$n_{1x}, n_{1y}, n_{1z}, n_{2x}, n_{2y}, n_{2z}, ..., n_{Nx}, n_{Ny}, n_{Nz}$ によって状態 ℓ が指定される．分配関数の計算では，$n_{j\alpha}$ のとりえるすべての値にわたって和をとればよいから

$$Z = \sum_{n_{1x}=0}^{\infty} \sum_{n_{1y}=0}^{\infty} \cdots \sum_{n_{Nz}=0}^{\infty} \exp\left(-\beta\hbar\omega \sum_{j=1}^{N} \sum_{\alpha=x,y,z} \left(n_{j\alpha} + \frac{1}{2}\right)\right) \quad (5.30)$$

和の計算は

$$\sum_{n=0}^{\infty} \exp\left(-\beta\hbar\omega \left(n + \frac{1}{2}\right)\right) = \frac{e^{-\beta\hbar\omega/2}}{1 - e^{-\beta\hbar\omega}} = \frac{1}{2\sinh\left(\frac{\beta\hbar\omega}{2}\right)} \quad (5.31)$$

のように実行できるから，

$$Z = \left[2\sinh\left(\frac{\beta\hbar\omega}{2}\right)\right]^{-3N} \quad (5.32)$$

内部エネルギーは

$$U = 3N\frac{\partial}{\partial \beta} \log\left[2\sinh\left(\frac{\beta\hbar\omega}{2}\right)\right] = \frac{3}{2}N\hbar\omega \coth\left(\frac{\beta\hbar\omega}{2}\right) \tag{5.33}$$

$\beta\hbar\omega \ll 1$ すなわち $T \gg \hbar\omega/k_\mathrm{B}$ の高温極限では $\coth(\beta\hbar\omega/2) \simeq 2k_\mathrm{B}T/(\hbar\omega)$ だから，$U = 3Nk_\mathrm{B}T$ となって古典的な場合と一致する．熱容量は

$$C = \frac{\partial U}{\partial T} = \frac{3}{4}Nk_\mathrm{B}\left(\frac{\hbar\omega}{k_\mathrm{B}T}\right)^2 \frac{1}{\sinh^2\left(\frac{\beta\hbar\omega}{2}\right)} \tag{5.34}$$

となって，小正準分布で導出した結果 (4.59) を 3 倍したものと一致する．

5.3.4　1次元イジング模型

磁性体のモデルとして，イジング模型を考えよう．1.5 節で述べたように，磁性体中には小さな磁石が多数存在し，それらは電子の自転運動であるスピンが起源となっている．イジング模型では，スピンが上向きか下向きかの 2 つの状態しかとらないと仮定する．j 番目の格子点のスピンを σ_j と書く．スピンが上向きのとき，$\sigma_j = +1$，下向きのとき，$\sigma_j = -1$ とする．

i 番目の格子点のスピン σ_i と j 番目の格子点のスピン σ_j の相互作用を

$$-J\sigma_i\sigma_j \tag{5.35}$$

と書く．$\sigma_i = \sigma_j$ のとき，エネルギーが $-J$ となる．一方，$\sigma_i \neq \sigma_j$ の場合には，エネルギーは J である．よって，$J > 0$ を仮定すると，スピン σ_i とスピン σ_j の向きをそろえるような相互作用が働くことがわかる．

系として，図 5.1 の 1 次元格子を考える．格子点の数は N である．ハミルトニアンは次式で与えられる．

$$H_N = -J\sum_{j=1}^{N-1}\sigma_j\sigma_{j+1} \tag{5.36}$$

相互作用は隣り合うスピン間のみに働くと仮定している．

図 5.1　1 次元格子系．
各格子点にスピンを配置する．

これまで相互作用のないモデルを考えてきたが，イジング模型は相互作用があるモデルの例である．この系の分配関数は

$$Z_N = \sum_{\sigma_1=\pm 1}\sum_{\sigma_2=\pm 1}\cdots\sum_{\sigma_N=\pm 1}\exp(-\beta H_N) \tag{5.37}$$

で与えられる．

Z_N は以下のようにして厳密に計算できる．まず，格子点の数が $N+1$ の場合の分配関数を考えると，

$$Z_{N+1} = \sum_{\sigma_1=\pm 1}\sum_{\sigma_2=\pm 1}\cdots\sum_{\sigma_N=\pm 1}\sum_{\sigma_{N+1}=\pm 1}$$
$$\exp\left(\beta J\left(\sigma_1\sigma_2+\cdots+\sigma_{N-1}\sigma_N+\sigma_N\sigma_{N+1}\right)\right)$$

ここで，σ_{N+1} の和をとる．このとき，

$$\sum_{\sigma_{N+1}=\pm 1}\exp(\beta J\sigma_N\sigma_{N+1}) = e^{\beta J\sigma_N} + e^{-\beta J\sigma_N} = 2\cosh(\beta J) \tag{5.38}$$

であることに注意すると，次の漸化式が成り立つことがわかる．

$$Z_{N+1} = 2\cosh(\beta J)\, Z_N \tag{5.39}$$

$Z_2 = 4\cosh(\beta J)$ だから，次式を得る．

$$Z_N = 2^N \cosh^{N-1}(\beta J) \tag{5.40}$$

この結果をもとに，熱力学量をいくつか計算してみよう．まず，ヘルムホルツの自由エネルギーは式 (5.16) より

$$F = -\frac{1}{\beta}\log Z_N = -\frac{N}{\beta}\left[\log 2 + \log\left(\cosh(\beta J)\right)\right] \tag{5.41}$$

ただし，$N \gg 1$ として $N-1$ を N に置き換えた．エントロピーを計算すると，

$$S = -\frac{\partial F}{\partial T} = Nk_B\left[\log 2 + \log\left(\cosh\left(\frac{J}{k_B T}\right)\right) - \frac{J}{k_B T}\tanh\left(\frac{J}{k_B T}\right)\right] \tag{5.42}$$

高温の極限 $k_B T \gg J$ では，$S \to Nk_B\log 2$ となる．つまり，相互作用が無視できるために，各スピンが自由に上向きか下向きかを選べる．

熱容量を計算すると，

$$C = T\frac{\partial S}{\partial T} = Nk_\mathrm{B}\left(\frac{J}{k_\mathrm{B}T}\right)^2 \frac{1}{\cosh^2\left(\frac{J}{k_\mathrm{B}T}\right)} \tag{5.43}$$

この熱容量の表式は，4 章の演習問題 4.7 で考えた相互作用のない 2 準位系と同じ結果である．$k_\mathrm{B}T \simeq J$ でピークをもつ，ショットキー型の熱容量となる．

1 次元イジング模型は，相互作用のあるモデルであるが，熱容量の計算結果からわかるように，相互作用は本質的な役割を演じない．イジング模型は強磁性の模型として導入されたが，残念ながら 1 次元の場合には有限温度で相転移を示さない．

5.4 エネルギーのゆらぎ

孤立系のエネルギーは一定だが，熱浴に接している系のエネルギーは，その平均値のまわりである程度変動していると考えられる．この変動幅を見積もってみよう．物理量の平均値が統計的に定まるとき，その平均値からの変動を**ゆらぎ**とよぶ．

系のエネルギー E の平均値を $\langle E \rangle$ と書くと，系の内部エネルギー U は $U = \langle E \rangle$ である．系のエネルギー E が $\langle E \rangle$ からどれだけ変動するかを見積もりたい．$\langle (E - \langle E \rangle) \rangle = \langle E \rangle - \langle E \rangle = 0$ だから，分散 $(E - \langle E \rangle)^2$ を考える必要がある．まず，

$$\left\langle (E - \langle E \rangle)^2 \right\rangle = \left\langle E^2 - 2E\langle E \rangle + \langle E \rangle^2 \right\rangle = \left\langle E^2 \right\rangle - \langle E \rangle^2 \tag{5.44}$$

一方

$$\frac{\partial^2}{\partial \beta^2}\log Z = \frac{\partial}{\partial \beta}\left(\frac{1}{Z}\frac{\partial Z}{\partial \beta}\right) = \frac{1}{Z}\frac{\partial^2 Z}{\partial \beta^2} - \frac{1}{Z^2}\left(\frac{\partial Z}{\partial \beta}\right)^2 \tag{5.45}$$

に

$$\frac{\partial Z}{\partial \beta} = -\sum_\ell \mathrm{e}^{-\beta E_\ell} E_\ell = -Z\langle E \rangle$$

$$\frac{\partial^2 Z}{\partial \beta^2} = \sum_\ell \mathrm{e}^{-\beta E_\ell} E_\ell^2 = Z\left\langle E^2 \right\rangle$$

を代入すると

$$\frac{\partial^2}{\partial \beta^2} \log Z = \left\langle E^2 \right\rangle - \langle E \rangle^2 \tag{5.46}$$

左辺に式 (5.14) を代入して

$$\frac{\partial^2}{\partial \beta^2} \log Z = -\frac{\partial}{\partial \beta} U = -\frac{\mathrm{d}T}{\mathrm{d}\beta}\frac{\partial U}{\partial T} = k_{\mathrm{B}} T^2 C \tag{5.47}$$

ただし C は系の熱容量である．この 2 式と式 (5.44) より

$$\left\langle (E - \langle E \rangle)^2 \right\rangle = k_{\mathrm{B}} T^2 C \tag{5.48}$$

この結果から，次のことがわかる．熱容量 C は，内部エネルギーを示強変数である温度で微分しているから示量性の量である．よって，系の粒子数を N とすると $C = O(N)$ である．[♣1] 内部エネルギー E の平均値 $\langle E \rangle$ からのゆらぎは $\sqrt{\langle E^2 \rangle - \langle E \rangle^2}$ によって見積もることができるから $\sqrt{\langle E^2 \rangle - \langle E \rangle^2} = \sqrt{k_{\mathrm{B}} T^2 C} = O\left(\sqrt{N}\right)$．一方，$\langle E \rangle = O(N)$ だから，エネルギーの相対的なゆらぎは

$$\frac{\sqrt{\langle E^2 \rangle - \langle E \rangle^2}}{\langle E \rangle} = O\left(\frac{1}{\sqrt{N}}\right) \tag{5.49}$$

よって，$N \to \infty$ でゼロになる．この結果から，熱浴に接している系のエネルギーは確定した値をとっていると考えてよく，熱力学的系とみなせることになる．

5.5 大正準分布とその導出

これまでは粒子数が一定の系を考えてきた．粒子数が一定の系を**閉じた系**とよぶ．一方，粒子数が変化する系を**開いた系**とよぶ．以下では，温度が一定で粒子数が変化する開いた系での統計力学を述べる．開いた系の記述においては，化学ポテンシャルが重要な役割を演じる．系の確率分布が大正準分布に従うことを示し，いくつかの応用例を述べる．

着目する系を A とする．系 A は系 B によって囲まれており，A-B 間にはエネルギーと粒子のやりとりがあるとする．系 B は，熱浴と**粒子浴**を兼ねている．

[♣1] O は**ランダウの記号**である．付録 A.6 を参照されたい．

AとBの合成系 A+B は孤立系であると仮定する.

さて,系 A+B は孤立系だから,小正準分布を適用することができる.系全体のエネルギーを E_0,粒子数を N_0 とする.系 A,系 B のエネルギーと粒子数を,それぞれ E_A, N_A, E_B, N_B とすれば

$$E_A + E_B = E_0, \qquad N_A + N_B = N_0 \tag{5.50}$$

系 A が粒子数 N,エネルギー E の状態にあるとする.このような状態の数を $W_A(N, E)$ と書く.式 (5.50) より,系 B の粒子数は $N_0 - N$,エネルギーは $E_0 - E$ だから,系 B の状態の数は

$$W_B = W_B(N_0 - N, E_0 - E) \tag{5.51}$$

と書ける.よって,系全体での状態数は

$$W_A(N, E) W_B(N_0 - N, E_0 - E) \tag{5.52}$$

$0 \leq N \leq N_0$ だから,全状態数は

$$\sum_{N=0}^{N_0} \sum_{E \in \{E_N\}} W_A(N, E) W_B(N_0 - N, E_0 - E) \tag{5.53}$$

ここで E についての和は,粒子数が N である状態の中で,可能なエネルギーの値の集合 $\{E_N\}$ について和をとるものとする.

系 A+B に小正準分布を適用しよう.系 A が粒子数 N,エネルギー E の状態にある確率は等重率の原理より

$$P(N, E) = \frac{W_A(N, E) W_B(N_0 - N, E_0 - E)}{\sum_{N'=0}^{N_0} \sum_{E' \in \{E_N\}} W_A(N', E') W_B(N_0 - N', E_0 - E')} \tag{5.54}$$

一方,系 A が粒子数 N,エネルギー E の状態にある状態の数は $W_A(N, E)$ であるから,この $W_A(N, E)$ 個ある状態のうち,ひとつの状態が実現する確率は

$$\begin{aligned} P_1(N, E) &= \frac{P(N, E)}{W_A(N, E)} \\ &= \frac{W_B(N_0 - N, E_0 - E)}{\sum_{N'=0}^{N_0} \sum_{E' \in \{E_N\}} W_A(N', E') W_B(N_0 - N', E_0 - E')} \end{aligned}$$

$$= \text{const.} \times W_{\rm B}\left(N_0 - N, E_0 - E\right) \tag{5.55}$$

ここで const. は N や E に依存しない定数である．

$W_{\rm B}\left(N_0 - N, E_0 - E\right)$ の対数をとって $k_{\rm B}$ をかけ，$N \ll N_0$，$E \ll E_0$ であることから N と E について展開すると

$$k_{\rm B} \log W_{\rm B}\left(N_0 - N, E_0 - E\right)$$
$$= k_{\rm B} \log W_{\rm B}\left(N_0, E_0\right) - N k_{\rm B} \frac{\partial}{\partial N_0} \log W_{\rm B}\left(N_0, E_0\right)$$
$$- E k_{\rm B} \frac{\partial}{\partial E_0} \log W_{\rm B}\left(N_0, E_0\right) + \cdots \tag{5.56}$$

右辺において $\log W_{\rm B}$ の引数は N_0，E_0 となっており，系 B のみが存在する場合の式になっているからボルツマンの式を適用することができる．よって

$$S_{\rm B}\left(N_0, E_0\right) = k_{\rm B} \log W_{\rm B}\left(N_0, E_0\right) \tag{5.57}$$

を式 (5.56) の右辺に代入して

$$k_{\rm B} \log W_{\rm B}\left(N_0 - N, E_0 - E\right)$$
$$= S_{\rm B}\left(N_0, E_0\right) - N \frac{\partial}{\partial N_0} S_{\rm B}\left(N_0, E_0\right) - E \frac{\partial}{\partial E_0} S_{\rm B}\left(N_0, E_0\right) + \cdots$$
$$= S_{\rm B}\left(N_0, E_0\right) + \frac{N\mu}{T} - \frac{E}{T} + \cdots$$

ここで μ は化学ポテンシャルである．ゆえに，

$$W_{\rm B}\left(N_0 - N, E_0 - E\right) \simeq \exp\left(\frac{S_{\rm B}(N_0, E_0)}{k_{\rm B}}\right) \exp\left(-\beta\left(E - \mu N\right)\right) \tag{5.58}$$

となるから，式 (5.55) より

$$P_1\left(N, E\right) \simeq \text{const.} \times {\rm e}^{-\beta(E - \mu N)} \tag{5.59}$$

ここで const. は E，N によらない定数である．

この結果より，系 A の状態のうち，粒子数が N，エネルギーが E のひとつの状態が実現する確率は

$$P_1\left(N, E\right) = \frac{{\rm e}^{-\beta(E - \mu N)}}{\displaystyle\sum_{N'=0}^{N_0} \sum_{\ell \in \{\ell_{N'}\}} {\rm e}^{-\beta(E_\ell - \mu N')}} \tag{5.60}$$

で与えられる．ここで分母の ℓ についての和は，粒子数が N' の状態 $\ell_{N'}$ すべてについての和を表す．この確率分布を**大正準分布**とよび，大正準分布に従う統計集団を**大正準集団**とよぶ．

大分配関数と熱力学関数

大正準集団における統計力学では，次式で与えられる大分配関数が熱力学関数と結びつく．

$$\Xi = \sum_{N=0}^{N_0} \sum_{\ell \in \{\ell_N\}} e^{-\beta(E_\ell - \mu N)} \tag{5.61}$$

この大分配関数と関係づけられる熱力学関数は

$$J = F - \mu N = -\frac{1}{\beta} \log \Xi \tag{5.62}$$

式 (5.62) を証明する準備として，温度と化学ポテンシャルが一定の系での熱平衡条件を確認しておこう．示量変数が S, N, V, X の系を考え，X に共役な示強変数を x とする．3.3 節でみたように，一般の無限小過程では式 (3.38) が成り立つ．

$$dU - TdS + PdV - \mu dN - xdX \leq 0 \tag{5.63}$$

ここで $U = F + TS = J + \mu N + TS$ とおくと

$$dJ + Nd\mu + SdT + PdV - xdX \leq 0 \tag{5.64}$$

T, V, X が一定の場合には

$$dJ + Nd\mu \leq 0 \tag{5.65}$$

となる．

さて，3.3 節で示したように，温度が等しい 2 つの系の間で粒子の交換が許されるときの熱平衡の条件は，化学ポテンシャルが等しいことである．したがって，系と粒子浴の間で熱平衡状態が実現しており，系と比較して粒子浴が巨大ならば，系の化学ポテンシャルは粒子浴の化学ポテンシャル μ に等しい．よって，$d\mu = 0$ となる．ゆえに

$$dJ \leq 0 \tag{5.66}$$

すなわち，温度 T と化学ポテンシャル μ が一定の系における熱平衡条件は

$$J = F - N\mu \tag{5.67}$$

が最小値をとることである．

さて，式 (5.62) を証明しよう．大分配関数の表式 (5.61) において

$$\exp(-\beta F(N)) = \sum_{\ell \in \{\ell_N\}} e^{-\beta(E_\ell - \mu N)} \tag{5.68}$$

とおくと

$$\Xi = \sum_{N=0}^{N_0} \sum_{\ell \in \{\ell_N\}} e^{-\beta(E_\ell - \mu N)} = \sum_{N=0}^{N_0} e^{-\beta[F(N) - \mu N]} = \sum_{N=0}^{N_0} e^{-\beta J(N)} \tag{5.69}$$

ただし，$J(N) = F(N) - \mu N$ とおいた．

N は様々な値をとりえるが，上述のように熱平衡状態において $J(N)$ は最小値をとる．$N = N_{\min}$ で $J(N)$ が最小値 $J_{\min}$ をとるとすれば $J'(N_{\min}) = 0$ だから

$$\begin{aligned} J(N) &= J(N_{\min} + (N - N_{\min})) \\ &= J_{\min} + \frac{1}{2} J''(N_{\min})(N - N_{\min})^2 + \cdots \end{aligned} \tag{5.70}$$

よって

$$\begin{aligned} \Xi &= \sum_{N=0}^{N_0} e^{-\beta J(N)} = e^{-\beta J_{\min}} \sum_{N=0}^{N_0} e^{-\beta J''(N_{\min})(N - N_{\min})^2/2 + \cdots} \\ &\simeq e^{-\beta J_{\min}} \int_{-\infty}^{\infty} dn\, e^{-\beta J''(N_{\min}) n^2/2} \\ &= \left(\frac{2\pi}{\beta J''(N_{\min})} \right)^{1/2} e^{-\beta J_{\min}} \end{aligned} \tag{5.71}$$

1 行目から 2 行目では，式 (5.70) の展開において，$(N - N_{\min})^2$ の項までで近似し，さらに和を積分で置き換えている．

こうして得られた式の対数をとり，両辺を $-\beta$ で割ると

$$-\frac{1}{\beta} \log \Xi \simeq J_{\min} - \frac{1}{2\beta} \log \left(\frac{2\pi}{\beta J''(N_{\min})} \right) \tag{5.72}$$

右辺第2項は，$O(\log(E))$ だから無視できて

$$J_{\min} \simeq -\frac{1}{\beta} \log \Xi \tag{5.73}$$

熱力学的極限 $N \to \infty$ では，等号が成り立つとしてよい．$J_{\min}$ が熱平衡状態における $J = F - N\mu$ であるとすれば式 (5.62) が成り立つ．

なお，大分配関数 (5.61) の表式において，$N_0 \gg 1$ であるから，$N_0 \to \infty$ の極限を考えてよい．したがって，

$$\Xi = \sum_{N=0}^{\infty} \sum_{\ell \in \{\ell_N\}} e^{-\beta(E_\ell - \mu N)} \tag{5.74}$$

大正準分布の応用例として，まず理想気体を考えよう．大分配関数 (5.74) は，次のように書くことができる．

$$\Xi = \sum_{N=0}^{\infty} e^{\beta N \mu} Z_N \tag{5.75}$$

ここで Z_N は正準分布での分配関数である．5.3.1 項の式 (5.22) より

$$Z_N = \frac{V^N}{N! h^{3N}} \left(\frac{2\pi m}{\beta} \right)^{3N/2} \tag{5.76}$$

式 (5.75) に代入して

$$\Xi = \sum_{N=0}^{\infty} e^{\beta N \mu} \frac{V^N}{N! h^{3N}} \left(\frac{2\pi m}{\beta} \right)^{3N/2} = \sum_{N=0}^{\infty} \frac{1}{N!} \left[\left(\frac{2\pi m}{\beta} \right)^{3/2} \frac{e^{\beta \mu} V}{h^3} \right]^N$$
$$= \exp \left[\left(\frac{2\pi m}{\beta} \right)^{3/2} \frac{e^{\beta \mu} V}{h^3} \right]$$

よって式 (5.62) より

$$J = -\frac{1}{\beta} \left(\frac{2\pi m}{\beta} \right)^{3/2} \frac{e^{\beta \mu} V}{h^3} \tag{5.77}$$

さて，理想気体の状態方程式など，いくつかの関係式を導こう．まず，熱力学の関係式

$$dJ = -SdT - PdV - Nd\mu \tag{5.78}$$

より $P = -\partial J/\partial V$ となる．J に式 (5.77) を代入して計算すると

$$P = -\frac{J}{V} \tag{5.79}$$

よって,

$$J = -PV \tag{5.80}$$

が成り立つことがわかる.

理想気体の状態方程式は,式 (5.78) より得られる熱力学的関係式 $N = -\partial J/\partial \mu$ に式 (5.77) を代入して計算すると

$$N = -\beta J \tag{5.81}$$

式 (5.80) を代入すると

$$PV = Nk_\mathrm{B}T \tag{5.82}$$

を得る.

次に,化学ポテンシャルを求めよう.大正準分布を用いると,理想気体の化学ポテンシャルが容易に得られる.式 (5.81) より

$$N = \left(\frac{2\pi m}{\beta}\right)^{3/2} \frac{\mathrm{e}^{\beta \mu} V}{h^3} \tag{5.83}$$

μ について解けば

$$\mu = \frac{1}{\beta} \log\left[\frac{N}{V} h^3 \left(\frac{\beta}{2\pi m}\right)^{3/2}\right] = k_\mathrm{B}T \log\left[\frac{N}{V}\left(\frac{h^2}{2\pi m k_\mathrm{B} T}\right)^{3/2}\right] \tag{5.84}$$

ここで

$$\lambda = \frac{h}{\sqrt{2\pi m k_\mathrm{B} T}} \tag{5.85}$$

とおく.λ は長さの次元をもち,**熱的ド・ブロイ波長**とよばれる.λ を用いると

$$\mu = 3k_\mathrm{B}T \log\left(\frac{\lambda}{a}\right) \tag{5.86}$$

ここで $a = (V/N)^{1/3}$ であり,平均の粒子間隔と解釈できる.

例題 5.1 (熱的ド・ブロイ波長) $P = 1.0 \times 10^5$ Pa, $T = 298$ K における 1 mol の理想気体の体積 V を求め,a および λ を求めよ.

ただし,気体分子 1 個の質量を $m = 1.67 \times 10^{-27}$ kg とする.

[**解**]　理想気体の状態方程式より

$$V = \frac{RT}{P} = \frac{8.31 \times 298}{1.0 \times 10^5} \text{ m}^3 = 2.5 \times 10^{-2} \text{ m}^3 \tag{5.87}$$

よって，

$$a = \left(\frac{V}{N_A}\right)^{1/3} = \left(\frac{2.5 \times 10^{-2}}{6.02 \times 10^{23}}\right)^{1/3} = 3.5 \times 10^{-9} \text{ m} \tag{5.88}$$

つまり $a = 3.5$ nm である．また，

$$\lambda = \frac{h}{\sqrt{2\pi m k_B T}} = \frac{6.63 \times 10^{-34}}{\sqrt{6.28 \times 1.67 \times 10^{-27} \times 1.38 \times 10^{-23} \times 298}} \text{ m}$$
$$= 1.0 \times 10^{-10} \text{ m}$$

よって $\lambda = 0.1$ nm だから $\lambda \ll a$ となる．ここで仮定した m は陽子 1 個の質量である．$\lambda \propto 1/\sqrt{m}$ だから，実際の気体分子では λ はもっと短くなる．　□

　熱的ド・ブロイ波長は，プランク定数に比例していることからもわかるように，粒子の量子性に関係した長さスケールである．$\lambda \ll a$ の場合には，熱的ド・ブロイ波長の効果は無視することができて，気体分子は古典的に扱うことができる．一方，$\lambda \sim a$ となるような低温では，熱的ド・ブロイ波長の効果が無視できなくなり，次節で述べる気体分子の**統計性**が重要になってくる．このような場合には，気体分子の系は古典的な理想気体として扱うことができず，**量子気体**として扱わなければならない．量子気体についても次節で述べる．

5.7　フェルミオンとボソン

　この世界に存在するすべての粒子は，2 つの種類に分類される．フェルミオンかボソンである．2 粒子からなる系の波動関数 $\psi(\boldsymbol{r}_1, \boldsymbol{r}_2)$ を考える．$\boldsymbol{r}_1$ は粒子 1 の空間座標で，$\boldsymbol{r}_2$ は粒子 2 の空間座標である．

　2 粒子の座標を入れ替える演算子を P，固有値を η とすると

$$P\psi(\boldsymbol{r}_1, \boldsymbol{r}_2) = \psi(\boldsymbol{r}_2, \boldsymbol{r}_1) = \eta\psi(\boldsymbol{r}_1, \boldsymbol{r}_2) \tag{5.89}$$

左から P を作用させて

$$P^2\psi(\boldsymbol{r}_1, \boldsymbol{r}_2) = \psi(\boldsymbol{r}_1, \boldsymbol{r}_2) = \eta^2\psi(\boldsymbol{r}_1, \boldsymbol{r}_2) \tag{5.90}$$

よって，2番目の等号による式から $\eta = \pm 1$ となる．$\eta = 1$ の場合，

$$\psi(\boldsymbol{r}_2, \boldsymbol{r}_1) = +\psi(\boldsymbol{r}_1, \boldsymbol{r}_2) \tag{5.91}$$

$\eta = -1$ の場合，

$$\psi(\boldsymbol{r}_2, \boldsymbol{r}_1) = -\psi(\boldsymbol{r}_1, \boldsymbol{r}_2) \tag{5.92}$$

となる．

このように，粒子の座標の入れ替えに対して，対称か反対称かのいずれかしかなく，粒子の座標の入れ替えについて対称な粒子を**ボソン**，反対称な粒子を**フェルミオン**とよぶ．座標以外にも粒子の状態を指定する量が存在しうるが，それらを含めて j 番目の粒子の一般化した座標を x_j と書こう．多粒子系の波動関数において，x_i と x_j のみを入れ替えることを考える．ボソンの場合には，

$$\psi(..., x_i, ..., x_j, ...) = +\psi(..., x_j, ..., x_i, ...) \tag{5.93}$$

フェルミオンの場合には

$$\psi(..., x_i, ..., x_j, ...) = -\psi(..., x_j, ..., x_i, ...) \tag{5.94}$$

となる．

5.7.1 状態の占有数

ボソンとフェルミオンの違いは，1つの状態を占めることができる数が異なることである．式 (5.93) において，$x_i = x_j$ とおくことは可能であるが，式 (5.94) において，$x_i = x_j$ とおくと，

$$\psi(..., x_i, ..., x_i, ...) = 0 \tag{5.95}$$

となる．このことから，フェルミオンの系では，1つの状態を占めることができる数，占有数 n は，$n = 0, 1$ の2通りしかないことがわかる．一方，ボソンの場合の占有数は $n = 0, 1, 2, 3, ...$ となり，いくつもの粒子が同じ状態を占めることができる．

このようにボソンとフェルミオンで，可能な占有数が異なる．1つの状態の占有数 n が $n = 0, 1, 2, 3, ...$ となる粒子を**ボース粒子**，$n = 0, 1$ となる粒子を**フェ**

ルミ粒子とよぶ．このような粒子の占有数の振る舞いを，粒子が従う**統計性**とよぶ．ボース粒子が従う統計を**ボース統計**，フェルミオンが従う統計を**フェルミ統計**とよぶ．

ここで，複合粒子の統計性について補足しておこう．原子は電子と原子核からなる複合粒子であり，原子核は陽子と中性子からなる複合粒子である．陽子や中性子もクォークが3つ集まった複合粒子である．このような複合粒子を1つの粒子とみなしたとき，粒子の統計性は，複合粒子を構成する粒子の中にフェルミオンが奇数個含まれているか偶数個含まれているかで決まる．

2つの複合粒子の状態を入れ替えたとき，1つのフェルミオンあたり，波動関数に1つ負号がかかる．フェルミオンが偶数個含まれている場合には，波動関数に負号が偶数回かかってくるので，全体として符号の変化はない．したがって，複合粒子はボース統計に従う．一方，複合粒子にフェルミオンが奇数個含まれている場合には，全体として負号がつくことになる．この場合には，複合粒子はフェルミ統計に従うことになる．

^{4}He は2個の陽子，2個の中性子，2個の電子からなるので，フェルミオンが偶数個存在する．よって，^{4}He はボース統計に従う．一方，^{3}He は2個の陽子，1個の中性子，2個の電子からなるので，フェルミオンが奇数個存在する．よって，^{3}He はフェルミ統計に従う．ヘリウムにおける統計性の違いは，実験的にも明らかになっており，極低温で物理的性質が大きく異なってくる．[5]

5.7.2 ボース粒子系とフェルミ粒子系の大分配関数

ボース粒子系の大分配関数とフェルミ粒子系の大分配関数を求めよう．粒子間の相互作用は考えない．1粒子の状態として，$\ell = 0, 1, 2, 3, \ldots$ があるとする．また，状態 ℓ のエネルギーを ε_ℓ，占有数を n_ℓ と書く．

系のハミルトニアンは

$$H = \sum_{\ell=0}^{\infty} \varepsilon_\ell n_\ell \tag{5.96}$$

で与えられる．一方，粒子数は

$$N = \sum_{\ell=0}^{\infty} n_\ell \tag{5.97}$$

である．

まずボース粒子系を考える．ボース粒子系では，$n_\ell = 0, 1, 2, 3, ...$ である．式 (5.74) より，大分配関数は

$$\begin{aligned}
\Xi &= \sum_{N'=0}^{\infty} \left(\sum_{n_0=0}^{\infty} \sum_{n_1=0}^{\infty} \sum_{n_2=0}^{\infty} \cdots \exp\left(-\beta \sum_{\ell=0}^{\infty} (\varepsilon_\ell - \mu) n_\ell \right) \delta_{N', \sum_{\ell=0}^{\infty} n_\ell} \right) \\
&= \sum_{n_0=0}^{\infty} \sum_{n_1=0}^{\infty} \sum_{n_2=0}^{\infty} \cdots \exp\left(-\beta \sum_{\ell=0}^{\infty} (\varepsilon_\ell - \mu) n_\ell \right) \sum_{N'=0}^{\infty} \delta_{N', \sum_{\ell=0}^{\infty} n_\ell} \\
&= \sum_{n_0=0}^{\infty} \sum_{n_1=0}^{\infty} \sum_{n_2=0}^{\infty} \cdots \exp\left(-\beta \sum_{\ell=0}^{\infty} (\varepsilon_\ell - \mu) n_\ell \right) \\
&= \prod_{\ell=0}^{\infty} \left[1 - \exp\left(-\beta(\varepsilon_\ell - \mu)\right)\right]^{-1}
\end{aligned} \qquad (5.98)$$

この計算において，1 行目の丸括弧内ではクロネッカーのデルタによって全粒子数を N' としている．2 行目では N' の和を先に行っている．こうして，3 行目で n_j についての和についての制限がなくなり，4 行目の結果が得られる．この結果と式 (5.62) より，熱力学関数 J は

$$J = \frac{1}{\beta} \sum_{\ell=0}^{\infty} \log\left[1 - \exp\left(-\beta(\varepsilon_\ell - \mu)\right)\right] \qquad (5.99)$$

次にフェルミ粒子系を考えよう．フェルミ粒子系では，$n_\ell = 0, 1$ である．系のハミルトニアンと粒子数の表式はボソン系と同じく，それぞれ式 (5.96) および式 (5.97) で与えられる．式 (5.74) より，大分配関数は

$$\begin{aligned}
\Xi &= \sum_{N'=0}^{\infty} \left(\sum_{n_0=0, 1} \sum_{n_1=0, 1} \sum_{n_2=0, 1} \cdots \exp\left(-\beta \sum_{\ell=0}^{\infty} (\varepsilon_\ell - \mu) n_\ell \right) \delta_{N', \sum_{\ell=0}^{\infty} n_\ell} \right) \\
&= \sum_{n_0=0, 1} \sum_{n_1=0, 1} \sum_{n_2=0, 1} \cdots \exp\left(-\beta \sum_{\ell=0}^{\infty} (\varepsilon_\ell - \mu) n_\ell \right) \sum_{N'=0}^{\infty} \delta_{N', \sum_{\ell=0}^{\infty} n_\ell} \\
&= \sum_{n_0=0, 1} \sum_{n_1=0, 1} \sum_{n_2=0, 1} \cdots \exp\left(-\beta \sum_{\ell=0}^{\infty} (\varepsilon_\ell - \mu) n_\ell \right) \\
&= \prod_{\ell=0}^{\infty} \left[1 + \exp\left(-\beta(\varepsilon_\ell - \mu)\right)\right]
\end{aligned}$$

この結果と式 (5.62) より，熱力学関数 J は

5.7 フェルミオンとボソン

$$J = -\frac{1}{\beta}\sum_{\ell=0}^{\infty}\log\left[1+\exp\left(-\beta\left(\varepsilon_\ell-\mu\right)\right)\right] \tag{5.100}$$

さて，1粒子状態の占有数 n_ℓ の平均値 $\langle n_\ell \rangle$ を求めてみよう．ボソン系の場合，式 (5.98) の 3 行目の表式から，大正準分布による平均値 n_ℓ は，

$$\langle n_\ell \rangle = \frac{1}{\Xi}\sum_{n_0=0}^{\infty}\sum_{n_1=0}^{\infty}\sum_{n_2=0}^{\infty}\cdots n_\ell \exp\left(-\beta\sum_{\ell=0}^{\infty}\left(\varepsilon_\ell-\mu\right)n_\ell\right) \tag{5.101}$$

で与えられる．この式は

$$\langle n_\ell \rangle = -\frac{1}{\beta}\frac{\partial}{\partial \varepsilon_\ell}\log\Xi = \frac{\partial J}{\partial \varepsilon_\ell} \tag{5.102}$$

と書き換えることができる．この表式はフェルミオン系でも同じである．

ボソン系の場合，式 (5.102) に式 (5.99) を代入して

$$\langle n_\ell \rangle = \frac{1}{\beta}\frac{-\exp\left(-\beta\left(\varepsilon_\ell-\mu\right)\right)}{1-\exp\left(-\beta\left(\varepsilon_\ell-\mu\right)\right)}\times(-\beta) = \frac{1}{\exp\left(\beta\left(\varepsilon_\ell-\mu\right)\right)-1} \tag{5.103}$$

$\langle n_\ell \rangle = n(\varepsilon_\ell)$ とおくと，

$$n(\varepsilon) = \frac{1}{\exp\left(\beta\left(\varepsilon-\mu\right)\right)-1} \tag{5.104}$$

関数 $n(\varepsilon)$ は**ボース分布関数**とよばれる．関数 $n(\varepsilon)$ を図示したのが**図 5.2** の左図である．$n(\varepsilon)$ は $\varepsilon > \mu$ で定義される．最低エネルギー状態のエネルギーを ε_0 として $\varepsilon_0 > \mu$ である．

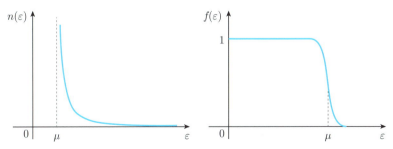

図 5.2 ボース分布関数（左図）とフェルミ分布関数（右図）．μ は化学ポテンシャル．

フェルミオン系の場合，式 (5.102) に式 (5.100) を代入して

$$\langle n_\ell \rangle = -\frac{1}{\beta}\frac{\exp\left(-\beta\left(\varepsilon_\ell - \mu\right)\right)}{1+\exp\left(-\beta\left(\varepsilon_\ell - \mu\right)\right)} \times (-\beta) = \frac{1}{\exp\left(\beta\left(\varepsilon_\ell - \mu\right)\right)+1} \quad (5.105)$$

よって $\langle n_\ell \rangle = f(\varepsilon_\ell)$ とおくと

$$f(\varepsilon) = \frac{1}{\exp\left(\beta\left(\varepsilon - \mu\right)\right)+1} \quad (5.106)$$

関数 $f(\varepsilon)$ は**フェルミ分布関数**とよばれる．関数 $f(\varepsilon)$ を図示したのが図 **5.2** の右図である．

$f(\varepsilon)$ の振る舞いは，$n(\varepsilon)$ とだいぶ異なっている．まず，$\varepsilon < \mu$ では，$f \sim 1$ である．$\varepsilon \sim \mu$ において，$f(\varepsilon)$ は 1 から 0 へと変化する．特に $T=0$ では，$\varepsilon < \mu$ で $f(\varepsilon) = 1$ であり，$\varepsilon > \mu$ で $f(\varepsilon) = 0$ となる．

金属に光を照射すると電子が飛び出してくる．この**光電効果**により，金属中の電子がフェルミ分布関数に従うことが実験的に確かめられる．図 **5.3** の左図は，様々な温度における金の光電効果の実験結果である．横軸は化学ポテンシャルを基準とした電子のエネルギーである．図 **5.3** の右図はフェルミ分布関数を用いて数値的に計算した結果である．図からわかるように両者はよく一致している．

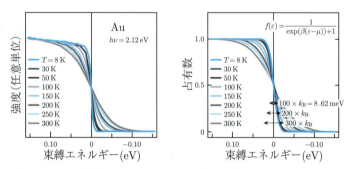

図 **5.3** 金の光電子スペクトルの実験結果（左図）とフェルミ分布関数（右図）の比較．
横軸はフェルミエネルギーを基準とする電子の運動エネルギー．

吉田鉄平氏，藤森淳氏，橋本信氏より許諾を得て転載．

第 5 章 演習問題

演習 5.1 1つの2原子分子のハミルトニアンが，式 (B.25) で与えられることを用いて，正準分布を仮定して2原子分子理想気体の定積モル比熱を求めよ．

演習 5.2 正の電荷 $q\,(>0)$ をもつ原子と負の電荷 $-q$ をもつ原子からなる2原子分子を考える．原子間の距離を ℓ とすると，この分子は電気双極子モーメント $q\ell$ をもつ．この2原子分子 N 個からなる系が，電場 E 中にある．j 番目の分子が電場 E となす角を θ_j とする．電気分極 $P = -\frac{\partial F}{\partial E}$ を求めよ．また，**電気感受率** $\chi_\mathrm{e} = \varepsilon_0^{-1} \frac{\partial P}{\partial E}|_{E \to 0}$ を求め，**キュリーの法則** $\chi_\mathrm{e} = \varepsilon_0^{-1} \frac{N q^2 \ell^2}{3 k_\mathrm{B} T}$ が得られることを示せ．ここで ε_0 は真空の誘電率である．

演習 5.3 気体分子が磁気モーメント μ をもち，j 番目の気体分子と磁場 B との相互作用が，$-B\mu \cos\theta_j$ で与えられるとする．ここで θ_j は磁場と気体分子の磁気モーメントのなす角である．系の磁化 $M = -\frac{\partial F}{\partial B}$ を求めよ．また，**帯磁率** $\chi_\mathrm{m} = \frac{\partial M}{\partial B}|_{H \to 0}$ を求め，キュリーの法則 $\chi_\mathrm{m} = \frac{N \mu^2}{3 k_\mathrm{B} T}$ が得られることを示せ．

演習 5.4 300 K における金属中の電子の熱的ド・ブロイ波長を求めよ．

演習 5.5 磁場下での1次元イジング模型

$$H = -J \sum_{j=1}^{N} \sigma_j \sigma_{j+1} - h \sum_{j=1}^{N} \sigma_j \tag{5.107}$$

を，周期的境界条件 $\sigma_{N+1} = \sigma_1$ のもとで考える．ここで $J\,(>0)$ は相互作用の定数で，h は磁場に比例するパラメータである．

(1) $A(\sigma_j, \sigma_{j+1}) = \exp\left(\beta J \sigma_j \sigma_{j+1} + \frac{\beta h}{2}(\sigma_j + \sigma_{j+1})\right)$ として，$\exp(-\beta H) = \prod_{j=1}^{N} A(\sigma_j, \sigma_{j+1})$ とかけることを示せ．

(2) 2×2 行列 A を $A = \begin{pmatrix} A(+1,+1) & A(+1,-1) \\ A(-1,+1) & A(-1,-1) \end{pmatrix}$ で定義すると，$Z = \mathrm{Tr} A^N$ と書ける．行列 A の固有値と固有ベクトルを求めて，$N \gg 1$ のときのヘルムホルツの自由エネルギーの表式を求めよ．

演習 5.6 本文とは異なるやり方で，分配関数 Z とヘルムホルツの自由エネルギー F との関係式 (5.16) を導出しよう．系の状態数は $W(E) = \sum_\ell \delta(E - E_\ell)$ と書ける．♣2 $S(E) = k_\mathrm{B} \log W(E)$ として，$F(E) = E - TS(E)$ とおくと，

$$Z = \sum_\ell \mathrm{e}^{-\beta E_\ell} = \int_{-\infty}^{\infty} \mathrm{d}E\, \mathrm{e}^{-\beta F(E)} \tag{5.108}$$

♣2 $\delta(x)$ はディラックのデルタ関数である．$x = 0$ のとき $\delta(x) = \infty$, $x \neq 0$ のとき $\delta(x) = 0$ である．また，$x = 0$ で連続な関数 $f(x)$ について，$\int_{-\infty}^{\infty} \mathrm{d}x f(x) \delta(x) = f(0)$ である．

と書ける．$F(E)$ が $E = E_0$ で最小値をとると仮定すると，式 (5.16) が得られることを示せ．

コラム：イジング模型

> イジング模型は，1920 年にレンツによって提案され，1925 年に 1 次元格子系の場合にイジングによって厳密に解かれた．しかし，本文で述べたように 1 次元系は相転移を示さない．1944 年，統計力学において非常に重要な結果である 2 次元イジング模型の厳密解がオンサーガーによって得られた．相転移に関する最初の厳密な結果であり，その後の研究に多大な影響を与えた．
>
> 3 次元イジング模型の厳密解は未だ見出されていない．まれに厳密解を得たというプレプリントが出るが，すぐに統計力学の大家たちによって検証され否定されている．イジクソンとドゥルッフェの有名な教科書[12] の序文には，3 次元イジング模型を解くことのできた幸運な人物のために，上等のフランスワインをとってあるとの記述がある．
>
> 相転移については転移温度付近での詳細がわかれば十分だが，転移点近傍では非自明なモデルとの関係が見出される．2 次元イジング模型は相対論的量子力学におけるディラック方程式と類似性があり，3 次元イジング模型は弦理論との関係が示唆されている．[13]

第6章 フェルミオン系とボソン系

　この章ではフェルミオン系とボソン系の例としてボース粒子気体におけるボース-アインシュタイン凝縮と金属の自由電子モデルを考える．また，電磁波をボソンである光子の気体とみなして，物体の温度による色の違いを黒体輻射のモデルで記述する．固体の格子振動は，フォノンとよばれるボソンの気体として扱うことができる．デバイ模型によって格子振動を記述し，固体の熱容量を考える．

6.1 理想ボース気体

　理想ボース気体の系を考えよう．1辺の長さが L の立方体の容器にボース気体が封入されているとする．ボース粒子の質量を m とすると，ひとつのボース粒子が従うシュレーディンガー方程式は

$$-\frac{\hbar^2}{2m}\left(\frac{\partial^2}{\partial x^2}+\frac{\partial^2}{\partial y^2}+\frac{\partial^2}{\partial z^2}\right)\phi(x,y,z)=\varepsilon\phi(x,y,z) \tag{6.1}$$

このシュレーディンガー方程式を解くと

$$\phi(x,y,z)=\frac{1}{\sqrt{L^3}}\exp(\mathrm{i}\boldsymbol{k}\cdot\boldsymbol{r}) \tag{6.2}$$

周期的境界条件を仮定すると，$\boldsymbol{k}=(k_x,k_y,k_z)$ は次式で与えられる．

$$k_\alpha=\frac{2\pi}{L}n_\alpha \tag{6.3}$$

ここで $\alpha=x,y,z$ であり，n_α は整数である．エネルギー固有値は

$$\varepsilon_k=\frac{\hbar^2}{2m}(k_x^2+k_y^2+k_z^2)=\frac{2\pi^2\hbar^2}{mL^2}(n_x^2+n_y^2+n_z^2) \tag{6.4}$$

となる．

大分配関数は

$$\Xi = \sum_{\{n_{\boldsymbol{k}}\}} \exp\left(-\beta \sum_{\boldsymbol{k}} (\varepsilon_k - \mu) n_k\right) \tag{6.5}$$

で与えられる．ここで $\{n_{\boldsymbol{k}}\}$ は，式 (6.3) で許される，すべての $\boldsymbol{k}$ の状態の占有数 $n_{\boldsymbol{k}} = 0, 1, 2, 3, \ldots$ についての和である．式 (5.98) の 3 行目の表式に対応している．式 (5.98) の計算と同様に，$n_{\boldsymbol{k}}$ についての和を計算すると

$$\Xi = \prod_{\boldsymbol{k}} \left[1 - \exp\left(-\beta(\varepsilon_k - \mu)\right)\right]^{-1} \tag{6.6}$$

熱力学関数 J は

$$J = \frac{1}{\beta} \sum_{\boldsymbol{k}} \log\left[1 - \exp\left(-\beta(\varepsilon_k - \mu)\right)\right] \tag{6.7}$$

さて，$\boldsymbol{k} = (k_x, k_y, k_z)$ が式 (6.3) で与えられるとき，熱力学的極限 $L \to \infty$ で成り立つ次の公式を示そう．

$$\lim_{L \to \infty} \frac{1}{L^3} \sum_{\boldsymbol{k}} K(\varepsilon_k) = \int_0^\infty d\varepsilon D(\varepsilon) K(\varepsilon) \tag{6.8}$$

ここで $K(\varepsilon)$ は任意の関数であり，$D(\varepsilon)$ は**状態密度**とよばれる．3 次元空間では次式で与えられる．

$$D(\varepsilon) = \frac{1}{4\pi^2} \left(\frac{2m}{\hbar^2}\right)^{3/2} \varepsilon^{1/2} \tag{6.9}$$

まず，$\Delta k = 2\pi/L$ とおくと，$\boldsymbol{k} = (n_x, n_y, n_z) \Delta k$．熱力学的極限 $L \to \infty$ をとり，$\boldsymbol{k}$ に関する和を積分で置き換えると

$$\frac{1}{L^3} \sum_{\boldsymbol{k}} K(\varepsilon_k) = \frac{1}{(2\pi)^3} (\Delta k)^3 \sum_{n_x, n_y, n_z} K(\varepsilon_k) \to \int \frac{d^3 \boldsymbol{k}}{(2\pi)^3} K(\varepsilon_k) \tag{6.10}$$

ε_k が $k = \sqrt{k_x^2 + k_y^2 + k_z^2}$ のみの関数であることから，極座標を導入すると，角度積分が実行できて

$$\int \frac{d^3 \boldsymbol{k}}{(2\pi)^3} K(\varepsilon_k) = \frac{1}{2\pi^2} \int_0^\infty dk\, k^2 K(\varepsilon_k) \tag{6.11}$$

$\varepsilon = \varepsilon_k = \hbar^2 k^2/(2m)$ と変数変換すると $k = \left(2m\varepsilon/\hbar^2\right)^{1/2}$ だから

$$\frac{1}{2\pi^2}\int_0^\infty \mathrm{d}k k^2 K(\varepsilon_k) = \frac{1}{4\pi^2}\left(\frac{2m}{\hbar^2}\right)^{3/2}\int_0^\infty \mathrm{d}\varepsilon \varepsilon^{1/2} K(\varepsilon) \qquad (6.12)$$

と変形できる．よって，式 (6.8) と式 (6.9) が示せた．なお，演習問題 6.1 に示したように，空間次元が 2 次元の場合には状態密度 $D(\varepsilon)$ は ε によらず，空間次元が 1 次元の場合には，$D(\varepsilon) \propto \varepsilon^{-1/2}$ となる．

公式 (6.8) を式 (6.7) に適用すると

$$J = \frac{V}{\beta}\int_0^\infty \mathrm{d}\varepsilon D(\varepsilon)\log\left[1-\exp\left(-\beta(\varepsilon-\mu)\right)\right] \qquad (6.13)$$

ここで $V = L^3$ は体積である．粒子数 N は

$$N = -\frac{\partial J}{\partial \mu} = V\int_0^\infty \mathrm{d}\varepsilon D(\varepsilon)\frac{1}{\mathrm{e}^{\beta(\varepsilon-\mu)}-1} \qquad (6.14)$$

となる．ボース分布関数を用いると

$$N = V\int_0^\infty \mathrm{d}\varepsilon D(\varepsilon)n(\varepsilon) \qquad (6.15)$$

と書ける．

6.2 理想ボース気体におけるボース-アインシュタイン凝縮

次に，理想ボース気体に特徴的な現象であるボース-アインシュタイン凝縮について述べよう．まず，式 (6.15) の表式における $\varepsilon = 0$ の状態の寄与を考察する．式 (6.9) より $D(0) = 0$ だから，一見すると式 (6.15) において $\varepsilon = 0$ の状態は寄与しないようにみえる．しかし，式 (6.15) の表式を，式 (6.8) を適用しないで和の形に書くと

$$N = \sum_{\bm{k}} n(\varepsilon_k) = n(0) + \sum_{\bm{k}(\neq 0)} n(\varepsilon_k) \qquad (6.16)$$

よって，$n(0) = O(1)$ であれば，熱力学的極限で $n(0)/N \to 0$ となるから式 (6.15) の表式を用いることができる．ところが，$n(0) = O(N)$ となるような状況が実現したとすると，式 (6.15) の表式をそのまま用いることができなくなる．

$n(0) = O(N)$ となるような状況が実現するかどうか，考察しよう．$n(0)$ を分離して，

$$N = n(0) + V \int_0^\infty \mathrm{d}\varepsilon D(\varepsilon) n(\varepsilon) \tag{6.17}$$

と書こう．

さて，右辺第 1 項は，次式で与えられる．

$$n(0) = \frac{1}{\mathrm{e}^{-\beta\mu} - 1} \tag{6.18}$$

第 2 項については $D_0 = D(\varepsilon)/\varepsilon^{1/2}$ として，

$$\int_0^\infty \mathrm{d}\varepsilon D(\varepsilon) n(\varepsilon) = D_0 \int_0^\infty \mathrm{d}\varepsilon \frac{\varepsilon^{1/2}}{\mathrm{e}^{-\beta\mu}\mathrm{e}^{\beta\varepsilon} - 1} \tag{6.19}$$

$\varepsilon \geq 0$ より，$\mu \leq 0$ だから，$\mathrm{e}^{-\beta\mu} \geq 1$ である．よって

$$D_0 \int_0^\infty \mathrm{d}\varepsilon \frac{\varepsilon^{1/2}}{\mathrm{e}^{-\beta\mu}\mathrm{e}^{\beta\varepsilon} - 1} \leq D_0 \int_0^\infty \mathrm{d}\varepsilon \frac{\varepsilon^{1/2}}{\mathrm{e}^{\beta\varepsilon} - 1} = D_0 \beta^{-3/2} \int_0^\infty \mathrm{d}x \frac{x^{1/2}}{\mathrm{e}^x - 1} \tag{6.20}$$

右辺の積分については，A.4.2 項の公式 (A.45) を適用する．

$$D_0 \int_0^\infty \mathrm{d}\varepsilon \frac{\varepsilon^{1/2}}{\mathrm{e}^{-\beta\mu}\mathrm{e}^{\beta\varepsilon} - 1} \leq D_0 \Gamma\left(\frac{3}{2}\right) \zeta\left(\frac{3}{2}\right) \beta^{-3/2} \equiv N_{\max}(T) \tag{6.21}$$

よって，上限が存在するから，

$$N - n(0) \leq N_{\max}(T) \tag{6.22}$$

もしくは，

$$n(0) \geq N - N_{\max}(T) \tag{6.23}$$

となる．式 (6.21) より $N_{\max}(T) \propto T^{3/2}$ だから，低温では $N_{\max}(T) < N$ となり，$n(0) = O(N)$ となりえる．このとき，後で示すように式 (6.18) から $\mu = O(1/N)$ となるから，熱力学的極限で式 (6.21) の等号が成立する．$N_{\max}(T) = N$ となる温度を T_c とすると

$$\frac{N_{\max}(T_\mathrm{c})}{N_{\max}(T)} = \left(\frac{T_\mathrm{c}}{T}\right)^{3/2} \tag{6.24}$$

よって

$$n(0) = N - N_{\max}(T) = N\left[1 - \left(\frac{T}{T_c}\right)^{3/2}\right] \tag{6.25}$$

したがって，$T < T_c$ では $n(0) = O(N)$ となる．すなわち巨視的数のボース粒子が最低エネルギー状態を占めることになる．この状態を**ボース-アインシュタイン凝縮**とよぶ．量子力学において，ひとつの粒子の状態に限定されていた波動関数が，巨視的な数にまでおよぶ量子状態である．

T_c を式 (6.21) より，具体的に求めると

$$(k_B T_c)^{-3/2} = \Gamma\left(\frac{3}{2}\right)\zeta\left(\frac{3}{2}\right)\frac{1}{4\pi^2}\left(\frac{2m}{\hbar^2}\right)^{3/2}\frac{V}{N} \tag{6.26}$$

より

$$k_B T_c = \frac{2\pi\hbar^2}{m}\left(\frac{1}{\zeta(3/2)}\frac{N}{V}\right)^{2/3} \tag{6.27}$$

となる．なお，$\zeta(3/2) = 2.612\ldots$ である．

$T < T_c$ における化学ポテンシャル μ も求めておこう．ボース-アインシュタイン凝縮状態では

$$n(0) = \frac{1}{e^{-\beta\mu} - 1} = O(N) \tag{6.28}$$

である．$n(0)$ が $O(N)$ となるから，$|\beta\mu| \ll 1$ である．よって $e^{-\beta\mu} = 1 - \beta\mu \ldots$ と展開すると $\mu = O(1/N)$ となる．したがって，式 (6.20) において等号が成り立つとしてよいから式 (6.25) より

$$n(0) \simeq -\frac{1}{\beta\mu} \simeq \left[1 - \left(\frac{T}{T_c}\right)^{3/2}\right]N \tag{6.29}$$

ゆえに

$$\mu \simeq -\frac{k_B T}{N}\left[1 - \left(\frac{T}{T_c}\right)^{3/2}\right]^{-1} \tag{6.30}$$

となる．この式より，熱力学極限 $N \to \infty$ で $\mu \to 0$ となるが，$n(0)$ の値を考える場合には，$\mu = O(1/N)$ とする必要がある．

例題 6.1 （転移温度 T_c）　^{4}He はボース粒子である．数密度が $N/V = 2.1 \times 10^{28}$ m^{-3} のとき式 (6.27) より T_c を求めよ．ただし，1 つの ^{4}He 原子の質量は $m = 6.6 \times 10^{-27}$ kg である．

[解]

$$T_{\mathrm{c}} = \frac{2 \times 3.14 \times (1.05 \times 10^{-34})^2 \,\mathrm{J}^2\cdot\mathrm{s}^2}{1.38 \times 10^{-23}\,\mathrm{J\cdot K^{-1}} \times 6.6 \times 10^{-27}\,\mathrm{kg}} \left(\frac{2.1 \times 10^{28}\,\mathrm{m^{-3}}}{2.61}\right)^{2/3} = 3.1\,\mathrm{K} \tag{6.31}$$

よって，^{4}He 原子間の相互作用が無視できるとすれば，3.1 K 以下でボース-アインシュタイン凝縮を起こすことになる．実際には，^{4}He 原子間の相互作用の効果によって $T = 2.17$ K において**超流動**状態に相転移する． □

6.3 理想フェルミ気体と金属の自由電子模型

次に，理想フェルミ気体について考えよう．前節の理想ボース気体と同様に，1 辺の長さが L の立方体の容器にフェルミ気体が封入されているとする．

1 粒子の量子力学的状態においては，ボース粒子とフェルミ粒子の区別はないから，エネルギー固有値は同じである．大分配関数 (6.5) の計算において統計性の違いが出てくる．ボース気体では $n_{\boldsymbol{k}} = 0, 1, 2, 3, \ldots$ であったが，フェルミ気体では $n_{\boldsymbol{k}} = 0, 1$ となる．よって，

$$\Xi = \prod_{\boldsymbol{k}} [1 + \exp(-\beta(\varepsilon_k - \mu))] \tag{6.32}$$

熱力学関数 J は

$$J = -\frac{1}{\beta} \sum_{\boldsymbol{k}} \log [1 + \exp(-\beta(\varepsilon_k - \mu))] \tag{6.33}$$

ボース気体と同様に $\boldsymbol{k}$ についての和は，熱力学的極限において式 (6.8) により積分に置き換えることができる．よって

$$J = -\frac{V}{\beta} \int_0^\infty d\varepsilon D(\varepsilon) \log [1 + \exp(-\beta(\varepsilon - \mu))] \tag{6.34}$$

理想フェルミ気体として，具体的に金属中の自由電子を考えよう．電子は，自転に相当するスピン角運動量 $\hbar/2$ をもつ．スピンの状態は，$+\hbar/2$ または $-\hbar/2$ の 2 通りある．これらの状態をそれぞれ ↑，↓ で表す．外部磁場がない場合には，この 2 つの状態のエネルギーは等しい．以下では，この場合を考える．

ハミルトニアンが電子のスピンに依存しないから，大分配関数は $\Xi = \Xi_\uparrow \times \Xi_\downarrow$

6.3 理想フェルミ気体と金属の自由電子模型

と書ける．ここで Ξ_σ はスピンが σ の電子の大分配関数である．いま，ハミルトニアンが電子のスピンに依存しないと仮定しているから，$\Xi_\uparrow = \Xi_\downarrow$ である．よって，$\Xi = \Xi_\uparrow{}^2$ となるから，$\log \Xi = 2\log \Xi_\uparrow$ ゆえにスピンの自由度を考慮すると，式 (6.34) より

$$J = -\frac{2V}{\beta} \int_0^\infty d\varepsilon D(\varepsilon) \log\left[1 + \exp\left(-\beta\left(\varepsilon - \mu\right)\right)\right] \tag{6.35}$$

まず粒子数を調べよう．式 (6.35) より，

$$N = -\frac{\partial J}{\partial \mu} = 2V \int_0^\infty d\varepsilon D(\varepsilon) f(\varepsilon) \tag{6.36}$$

最初に絶対零度で考える．$T=0$ での μ を ε_F と書くと，フェルミ分布関数の性質から，$\theta(x)$ を階段関数[♣1]として $f(\varepsilon) = \theta(\varepsilon_\mathrm{F} - \varepsilon)$ となる．したがって

$$N = 2V \int_0^{\varepsilon_\mathrm{F}} d\varepsilon D(\varepsilon) = \frac{4V}{3}\varepsilon_\mathrm{F} D\left(\varepsilon_\mathrm{F}\right) \tag{6.37}$$

ここで 2 番目の等号では，$D(\varepsilon) \propto \varepsilon^{1/2}$ であることを用いた．式 (6.9) を用いて計算すると

$$\varepsilon_\mathrm{F} = \frac{\hbar^2}{2m}\left(3\pi^2 \frac{N}{V}\right)^{2/3} \tag{6.38}$$

となる．ε_F はフェルミ粒子系の振る舞いを特徴づける重要なエネルギースケールであり，**フェルミエネルギー**とよばれる．また，式

$$\varepsilon_\mathrm{F} = \frac{\hbar^2 k_\mathrm{F}^2}{2m} \tag{6.39}$$

により**フェルミ波数** k_F を導入すると，

$$k_\mathrm{F} = \left(3\pi^2 \frac{N}{V}\right)^{1/3} \tag{6.40}$$

となる．絶対零度では，$\varepsilon \leq \varepsilon_\mathrm{F}$ の状態がすべて占められている．波数ベクトル $\boldsymbol{k}$ の空間では，$k \leq k_\mathrm{F}$ の状態がすべて占められていることになる．

[♣1] $x \geq 0$ のとき $\theta(x) = 1$，$x < 0$ のとき $\theta(x) = 0$ である．

> **例題 6.2** （金属のフェルミエネルギーとフェルミ波数）　一価金属である銅の自由電子密度は $N/V = 8.45 \times 10^{28}$ m^{-3} である．フェルミ波数とフェルミエネルギーを求めよ．ただし，電子の質量は $m = 9.11 \times 10^{-31}$ kg である．

[解]　式 (6.40) よりフェルミ波数は

$$k_\mathrm{F} = (3\pi^2 \times 8.45 \times 10^{28})^{1/3}\,\mathrm{m}^{-1} = 1.36 \times 10^{10}\,\mathrm{m}^{-1} \tag{6.41}$$

この結果より $k_\mathrm{F}^{-1} \simeq 0.1$ nm である．一般に，k_F^{-1} は格子定数の逆数程度になる．また，この k_F の値と式 (6.39) よりフェルミエネルギーは

$$\varepsilon_\mathrm{F} = \frac{(1.05 \times 10^{-34})^2\,\mathrm{J}^2 \cdot \mathrm{s}^2 \times (1.36 \times 10^{10}\,\mathrm{m}^{-1})^2}{2 \times 9.11 \times 10^{-31}\,\mathrm{kg}}$$
$$= 1.12 \times 10^{-18}\,\mathrm{J} = 7.00\,\mathrm{eV}$$

フェルミエネルギーを温度に換算した $T_\mathrm{F} = \varepsilon_\mathrm{F}/k_\mathrm{B}$ は**フェルミ温度**とよばれる．$T < T_\mathrm{F}$ であれば量子効果が重要となる．ここで求めた ε_F の値から，$T_\mathrm{F} \simeq 80{,}000$ K となる．したがって，フェルミ温度が室温よりずっと高いので，通常，金属中の電子は古典的な理想気体として扱うことができない．　□

フェルミ粒子系では，$k_\mathrm{B}T \ll \varepsilon_\mathrm{F}$ において統計性に起因する量子力学的効果が重要となる．驚くべきことに，フェルミ温度より低温では，ほとんどのフェルミ粒子が系の物理的性質に関与しない．フェルミエネルギー近傍にある，エネルギー幅 $k_\mathrm{B}T$ 程度の状態のみが，物理的性質に寄与する．これはフェルミ分布関数の性質に起因している．フェルミ分布関数の値は，フェルミエネルギーよりずっと低いエネルギーの状態については 1 である．フェルミエネルギー近傍で，1 からずれ，フェルミエネルギーよりも高いエネルギーではゼロになる．1 とゼロの中間の値をとるエネルギー領域がフェルミエネルギーの近傍，$k_\mathrm{B}T$ 程度に限られる．フェルミ粒子系が $T < T_\mathrm{F}$ で示す，このような状態を**フェルミ縮退**とよぶ．

このような事情により，$k_\mathrm{B}T \ll \varepsilon_\mathrm{F}$ においては，**ゾンマーフェルト展開**とよばれる近似計算が可能になる．$g(\varepsilon)$ を

6.3 理想フェルミ気体と金属の自由電子模型

$$g(0) = 0, \qquad \lim_{\varepsilon \to \infty} g(\varepsilon) \, \mathrm{e}^{-\beta(\varepsilon - \mu)} = 0 \tag{6.42}$$

である関数として，次の積分を考える．

$$I = \int_0^\infty \mathrm{d}\varepsilon \frac{\mathrm{d}g(\varepsilon)}{\mathrm{d}\varepsilon} f(\varepsilon) \tag{6.43}$$

$k_\mathrm{B} T \ll \varepsilon_\mathrm{F}$ のとき，次の式が成り立つ．

$$\begin{aligned} I &= \int_0^\infty \mathrm{d}\varepsilon g(\varepsilon) \left(-\frac{\mathrm{d}f}{\mathrm{d}\varepsilon} \right) \\ &= g(\mu) + \frac{\pi^2}{6} g''(\mu)(k_\mathrm{B} T)^2 + \frac{7\pi^4}{360} g^{(4)}(\mu)(k_\mathrm{B} T)^4 + \cdots \end{aligned} \tag{6.44}$$

この展開式をゾンマーフェルト展開とよぶ．導出は章末の演習問題 6.4 を参照されたい．

さて，ゾンマーフェルト展開を適用して，自由電子系の性質を調べていこう．まず有限温度の化学ポテンシャルを考える．$g'(\varepsilon) = D(\varepsilon)$ とおくと，$g''(\varepsilon) = D'(\varepsilon)$．また，$D(\varepsilon) \propto \varepsilon^{1/2}$ より $g(\varepsilon) = 2\varepsilon D(\varepsilon)/3$．よって，式 (6.42) をみたしている．式 (6.36) にゾンマーフェルト展開を適用すると

$$\begin{aligned} \frac{N}{2V} &= \int_0^\infty \mathrm{d}\varepsilon g'(\varepsilon) f(\varepsilon) = g(\mu) + \frac{\pi^2}{6} g''(\mu)(k_\mathrm{B} T)^2 + \cdots \\ &= \frac{2}{3} \mu D(\mu) + \frac{\pi^2}{6} D'(\mu)(k_\mathrm{B} T)^2 + \cdots \end{aligned}$$

$\mu = \varepsilon_\mathrm{F} + \delta\mu$ とおいて，$\delta\mu$ について展開すると

$$\frac{N}{2V} = \frac{2}{3} \left[\varepsilon_\mathrm{F} D(\varepsilon_\mathrm{F}) + D(\varepsilon_\mathrm{F}) \delta\mu + \varepsilon_\mathrm{F} D'(\varepsilon_\mathrm{F}) \delta\mu + \cdots \right] + \frac{\pi^2}{6} D'(\varepsilon_\mathrm{F})(k_\mathrm{B} T)^2 + \cdots \tag{6.45}$$

式 (6.37) と，$D(\varepsilon) \propto \varepsilon^{1/2}$ から示せる式 $D'(\varepsilon_\mathrm{F}) = D(\varepsilon_\mathrm{F})/(2\varepsilon_\mathrm{F})$ を用いて，$\delta\mu$ について解くと

$$\delta\mu \simeq -\frac{\pi^2}{6} \frac{D'(\varepsilon_\mathrm{F})}{D(\varepsilon_\mathrm{F})} (k_\mathrm{B} T)^2 = -\frac{\pi^2}{12} \frac{(k_\mathrm{B} T)^2}{\varepsilon_\mathrm{F}} \tag{6.46}$$

よって

$$\mu = \varepsilon_\mathrm{F} - \frac{\pi^2}{12} \frac{(k_\mathrm{B} T)^2}{\varepsilon_\mathrm{F}} + \cdots \tag{6.47}$$

次に内部エネルギーを計算して，熱容量の温度依存性を明らかにしよう．自

由電子系の内部エネルギーは

$$U = 2V \int_0^\infty d\varepsilon D(\varepsilon) \varepsilon f(\varepsilon) \tag{6.48}$$

ここで $g'(\varepsilon) = D(\varepsilon)\varepsilon$ とおくと，$D(\varepsilon) \propto \varepsilon^{1/2}$ より $g(\varepsilon) = 2\varepsilon^2 D(\varepsilon)/5$ および $g''(\varepsilon) = 3D(\varepsilon)/2$ となるから，ゾンマーフェルト展開を適用すると

$$\begin{aligned}U &= 2V\left[g(\mu) + \frac{\pi^2}{6}g''(\mu)(k_BT)^2 + \cdots\right] \\ &= 2VD(\mu)\left[\frac{2}{5}\mu^2 + \frac{\pi^2}{4}(k_BT)^2 + \cdots\right]\end{aligned}$$

式 (6.47) を代入して，$(k_BT)^2$ までの近似式を求めると

$$\begin{aligned}U &= 2V\left[D(\varepsilon_F) + \frac{1}{2}\frac{D(\varepsilon_F)}{\varepsilon_F}\left(-\frac{\pi^2}{12}\frac{(k_BT)^2}{\varepsilon_F}\right) + \cdots\right] \\ &\quad \times \left[\frac{2}{5}\left(\varepsilon_F^2 - \frac{\pi^2}{6}(k_BT)^2 + \cdots\right) + \frac{\pi^2}{4}(k_BT)^2 + \cdots\right] \\ &= 2VD(\varepsilon_F)\left[1 - \frac{\pi^2}{24}\frac{(k_BT)^2}{\varepsilon_F^2}\right]\left[\frac{2}{5}\varepsilon_F^2 + \frac{11\pi^2}{60}(k_BT)^2 + \cdots\right] \\ &= 2VD(\varepsilon_F)\left[\frac{2}{5}\varepsilon_F^2 + \frac{\pi^2}{6}(k_BT)^2 + \cdots\right].\end{aligned}$$

この結果を用いると，自由電子の定積熱容量は次式で与えられる．

$$C_V = \left(\frac{\partial U}{\partial T}\right)_V = \frac{2}{3}\pi^2 V D(\varepsilon_F) k_B^2 T \tag{6.49}$$

金属中では，電子は結晶格子中のイオンの影響を受け，真空中での質量 m とは異なる質量 m^* をもつ粒子として振る舞う．式 (6.9) と式 (6.38) より

$$D(\varepsilon_F) = \frac{1}{4\pi^2}\left(\frac{2m}{\hbar^2}\right)^{3/2}\varepsilon_F^{1/2} = \frac{1}{4\pi^2}\left(\frac{2m}{\hbar^2}\right)k_F \tag{6.50}$$

だから，$m \to m^*$ を考慮すると式 (6.49) と式 (6.50) から $C_V \propto m^*$ となる．したがって，熱容量の測定から m^* がわかる．このような熱的測定から得られる m^* を**熱的有効質量**とよぶ．また，実際の金属では格子振動による熱容量への寄与 T^3 もあるため，低温では，$C_V/V = \gamma T + aT^3$ となる．C_V/T の温度依存性から m^* を決定できる．

6.4 空洞放射

物体を高温に熱すると光を発する．温度を上げていくと，赤い光から青白い光に変わっていく．この問題を以下で述べる空洞放射のモデルで考えると，横軸を光の波長 λ nm，縦軸を光の強度分布（任意単位）として図 **6.1** のようになる．太陽の表面温度は 6,000 K である．紫色（波長 400 nm 程度）から赤色（波長 700 nm 程度）まで強度が分布していることがわかる．温度が 7,000 K になると，青色の波長（450 nm 程度）のところに分布のピークがくる．逆に，温度が 5,000 K になると分布のピークが赤色側に移動していることがわかる．

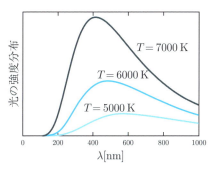

図 **6.1** 様々な温度において，物体から発せられる光の強度分布の波長依存性

このような物体から発せられる光の強度分布を統計力学により調べよう．空洞内部に充満した電磁波を考える．空洞を形作る壁から電磁波が生じ，熱平衡状態において空洞内部に電磁波が充満する．空洞に小さな穴をあけたとすると，漏れ出る電磁波を測定することで，電磁波の強度分布を知ることができる．

古典的には電磁場は波として扱われる．しかし，物体を熱したときに発する熱輻射の問題では，電磁波を光子として扱わなければ実験と合う表式が得られない．実際，この熱輻射の問題を契機として量子論が発見された．

ボース気体を考えたときと同様，空洞は 1 辺 L の立方体であるとしよう．電磁波が従う波動方程式

$$\frac{\partial^2}{\partial t^2}u(\boldsymbol{r},t) = c^2 \nabla^2 u(\boldsymbol{r},t) \tag{6.51}$$

を考えよう．$u(\boldsymbol{r},t)$ は電場や磁場である．周期的境界条件を仮定すると波数ベクトル $\boldsymbol{k}$ は式 (6.3) で与えられる．電磁波が従う分散は，角振動数を ω_k として $\omega_k = ck$ である．

ここまでは電磁波を波として扱っている．量子力学では，電磁波を粒子として扱う．具体的には，角振動数が ω_k の電磁波をエネルギー $\hbar\omega_k$ の光子の集合として扱う．電磁波の強度は，光子がどれだけ存在するかということと対応する．波数ベクトル $\boldsymbol{k}$ の光子の個数を $n_{\boldsymbol{k}}$ とすると，$n_{\boldsymbol{k}} = 0, 1, 2, 3, \ldots$ である．よって，大分配関数は式 (6.6) より

$$\Xi = \prod_{\boldsymbol{k}} [1 - \exp(-\beta\hbar\omega_k)]^{-1} \tag{6.52}$$

式 (6.52) では，化学ポテンシャルについて $\mu = 0$ としている．この点については，以下のように理解できる．空洞を形作る壁から電磁波が生じるが，この電磁波は空洞内に存在する電磁波と平衡状態にある．この平衡状態において，あるエネルギーをもつ光子がより小さなエネルギーをもつ複数の光子にわかれてもよい．すなわち，光子の総数は一定していない．

議論をより明確にするために，熱平衡条件を吟味しよう．いま，温度 T と体積 $V = L^3$ が一定の系を考えているから，ヘルムホルツの自由エネルギーを用いる．光子の総数を N とすれば $F = F(T, V, N)$ である．温度 T と体積 V が一定の系における熱平衡条件は F が最小値をとることである．T と V が一定であり，変化しえるのは N のみだから，条件は

$$\left(\frac{\partial F}{\partial N}\right)_{T,V} = 0 \tag{6.53}$$

となる．一方，熱力学の関係式より

$$\left(\frac{\partial F}{\partial N}\right)_{T,V} = \mu \tag{6.54}$$

だから，この2式より光子の化学ポテンシャルについて

$$\mu = 0 \tag{6.55}$$

となる．

注意を要する点は，壁から光子が生じているけれども，空洞内の光子の集団

6.4 空洞放射

と壁の間ではエネルギーのみをやりとりしている点である．光子をやりとりしているわけではないので，正確には大分配関数 Ξ ではなく分配関数 Z を考えるべきである．しかし，計算としては大分配関数 Ξ の計算と同じになるので，式 (6.52) では，Ξ と書いている．

6.1 節と同様に，熱力学関数を考えるが，$\mu=0$ だから，J ではなく F を考えることになる．

$$F = -\frac{1}{\beta}\log\Xi = \frac{1}{\beta}\sum_{\bm{k}}\log(1-\mathrm{e}^{-\beta\hbar\omega_k}) \tag{6.56}$$

関心があるのは，エネルギーの強度分布であるから，この式から，内部エネルギーの表式を導出しよう．まず，エントロピーを求めると

$$\begin{aligned}S &= -\frac{\partial F}{\partial T} = -\frac{\mathrm{d}\beta}{\mathrm{d}T}\frac{\partial F}{\partial \beta}\\ &= \frac{1}{k_\mathrm{B}T^2}\left[-\frac{1}{\beta^2}\sum_{\bm{k}}\log(1-\mathrm{e}^{-\beta\hbar\omega_k})+\frac{1}{\beta}\sum_{\bm{k}}\frac{\hbar\omega_k\mathrm{e}^{-\beta\hbar\omega_k}}{1-\mathrm{e}^{-\beta\hbar\omega_k}}\right]\end{aligned}$$

よって

$$U = F + ST = \sum_{\bm{k}}\hbar\omega_k n\left(\hbar\omega_k\right) \tag{6.57}$$

$n(\varepsilon)$ はボース分布関数である．ただし $\mu=0$ である点に注意しよう．

熱力学的極限をとって $\bm{k}$ についての和を積分に置き換えよう．6.1 節との違いは分散関係である．電磁波に 2 種類の偏光があることを考慮すると式 (6.57) を 2 倍して

$$\begin{aligned}U &= \frac{2V}{(2\pi)^3}\int\mathrm{d}^3\bm{k}\,\hbar\omega_k n\left(\hbar\omega_k\right) = \frac{8\pi V}{(2\pi)^3}\int_0^\infty \mathrm{d}k\,k^2\hbar\omega_k n\left(\hbar\omega_k\right)\\ &= \frac{V\hbar}{\pi^2 c^3}\int_0^\infty \mathrm{d}\omega\frac{\omega^3}{\mathrm{e}^{\beta\hbar\omega}-1}\end{aligned} \tag{6.58}$$

ただし 2 番目の等号では $ck=\omega$ と変数変換している．この式から，単位体積あたりの電磁波のエネルギー密度は

$$u\left(\varepsilon,T\right) = \frac{1}{\pi^2\hbar^2 c^3}\frac{\varepsilon^3}{\exp\left(\frac{\varepsilon}{k_\mathrm{B}T}\right)-1} \tag{6.59}$$

となる．ここで $\varepsilon=\hbar\omega$ である．

波長による強度分布をみるために，式 (6.59) で $\omega = ck = \frac{2\pi c}{\lambda}$ と変数変換すると

$$U = 8\pi hcV \int_0^\infty d\lambda \frac{1}{\lambda^5} \frac{1}{\exp\left(\frac{\beta ch}{\lambda}\right) - 1} \tag{6.60}$$

ただし $2\pi\hbar = h$ であることを用いた．この式より，単位体積あたりの電磁波のエネルギー密度を $u(\lambda, T)d\lambda$ とすると

$$u(\lambda, T) = \frac{8\pi hc}{\lambda^5} \frac{1}{\exp\left(\frac{\beta ch}{\lambda}\right) - 1} \tag{6.61}$$

と書くことができる．この関数を図示したのが図 **6.1** である．

空洞内の電磁波の内部エネルギーを求めるために，式 (6.58) の積分を実行すると，

$$\begin{aligned} U &= \frac{V}{\pi^2 c^3 \hbar^3}(k_\text{B}T)^4 \int_0^\infty dx \frac{x^3}{e^x - 1} = \frac{V}{\pi^2 c^3 \hbar^3}(k_\text{B}T)^4 \Gamma(4)\zeta(4) \\ &= \frac{\pi^2 k_\text{B}^4}{15 c^3 \hbar^3} VT^4 \end{aligned} \tag{6.62}$$

ここで 2 番目の等号では公式 (A.45) を用いた．この公式を**ステファン-ボルツマンの法則**とよぶ．

6.5 固体比熱のデバイ模型

4.7.3 項で，独立な量子力学的調和振動子の集まりであるアインシュタイン模型によって固体の比熱を考えた．ここでは，固体の比熱をより正確に記述する**デバイ模型**を考える．

固体中での原子の振動を考えるために，簡単なモデルの考察から始めよう．図 **6.2** に示したように，N 個の質量 m の質点が，ばね定数 $k = m\omega^2$ のばねで 1 次元的につながれている系を考える．j 番目の質点の平衡点からの変位を u_j とする．簡単のために，周期的境界条件を課すと $u_{j+N} = u_j$ である．j 番目の質点の運動方程式は，次式で与えられる．

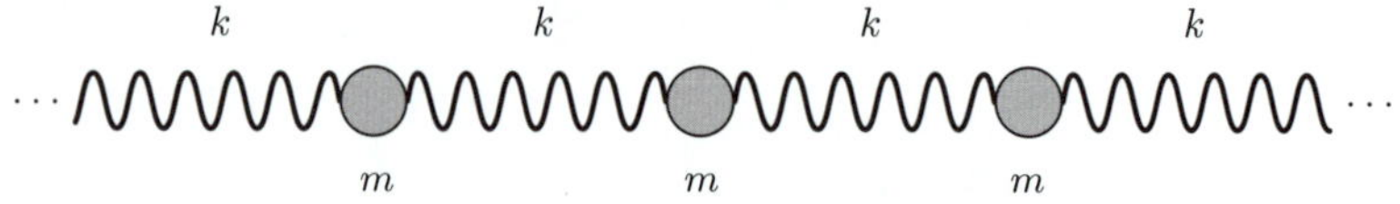

図 **6.2** 原子振動の 1 次元モデル

6.5 固体比熱のデバイ模型

$$\frac{d^2}{dt^2} u_j = -\omega^2 \left(2u_j - u_{j+1} - u_{j-1}\right) \tag{6.63}$$

この運動方程式の解は,

$$u_j = A_q e^{iqja} \tag{6.64}$$

とおくことで求められる．右辺で時間に依存するのは A_q であり，a は平衡位置での隣り合う原子間の距離である．この式を (6.63) に代入すると,

$$\frac{d^2}{dt^2} A_q e^{iqja} = -\omega^2 e^{iqja} A_q (2 - e^{iqa} - e^{-iqa}) \tag{6.65}$$

両辺を e^{iqja} で割って,

$$\omega_q = 2\omega \left|\sin\left(\frac{qa}{2}\right)\right| \tag{6.66}$$

とおくと,

$$\frac{d^2}{dt^2} A_q = -\omega_q^2 A_q \tag{6.67}$$

この微分方程式は，角振動数 ω_q の調和振動子の微分方程式である．よって，図 **6.2** に示した N 個の質点の振動の問題は，角振動数 ω_q の互いに独立な調和振動子の集まりとして記述できる．

一方，周期的境界条件より式 (6.64) から

$$e^{iNqa} = 1 \tag{6.68}$$

よって，n を整数として

$$q = \frac{2\pi}{Na} n \tag{6.69}$$

となる．N 個の質点それぞれの 1 次元的な変位を考えているから，自由度の数は N である．これに対応して，q の値も N 通りある．このため，n の範囲は $-N/2 \leq n < N/2$ と選べる．♣2

ω_q を図示したのが図 **6.3** である．$|qa| \ll 1$ の領域では,

♣2 この範囲に入らない n を用いて，$q' = 2\pi(n+N)/(Na)$ としたとしても $\exp(iq'ja) = \exp(2\pi i(n+N)ja/(Na)) = \exp(2\pi i nja/(Na))$ であることから，$q = 2\pi n/(Na)$ の場合と同じになる．物理的には，格子系において波長が $2a$ よりも短い波は波長が $2a$ よりも長い波で表現できるためと理解できる．

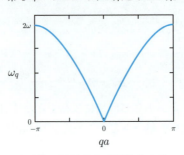

図 6.3 1次元的に原子が並び振動する系の分散関係

$$\omega_q \simeq vq \tag{6.70}$$

と近似できる．ここで $v = \omega a$ は，この系の音速である．このように ω_q が q に比例する関係を**線形分散**とよぶ．

質量 m の質点が3次元的にばねでつながれている系も同様に考えることができる．ここでは質点系の運動方程式を考える代わりに，$a \to 0$ の連続極限での式をもとに考えよう．

ω_q が式 (6.70) で近似できるとき，式 (6.67) の解は，C を定数として

$$A_q = C\exp(-\mathrm{i}\omega_q t) \simeq C\exp(-\mathrm{i}vqt) \tag{6.71}$$

よって，式 (6.64) より

$$u_j = C\exp(\mathrm{i}q(ja - vt)) \tag{6.72}$$

j 番目の質点の平衡点の座標は $x = ja$ だから，$a \to 0$ の極限をとり，u_j を $u(x, t)$ と書くと

$$u(x, t) = C\exp(\mathrm{i}q(x - vt)) \tag{6.73}$$

この式は，密度が一様な物質の振動状態を表しているとみなせる．時間 t，座標 x の点での物質の変位が $u(x, t)$ である．

式 (6.73) が従う方程式は

$$\frac{\partial^2 u}{\partial t^2} = v^2 \frac{\partial^2 u}{\partial x^2} \tag{6.74}$$

である．この方程式を，空間次元1次元の**波動方程式**とよぶ．物質の3次元的

6.5 固体比熱のデバイ模型

な振動を考える場合には，$u(x,t)$ を $\boldsymbol{u}(\boldsymbol{r},t)$ に置き換える．ここで $\boldsymbol{r}=(x,y,z)$ であり，$\boldsymbol{u}$ は3次元のベクトルである．$\boldsymbol{u}(\boldsymbol{r},t)$ が従う方程式は式 (6.74) を空間次元3次元に拡張して

$$\frac{\partial^2 \boldsymbol{u}}{\partial t^2} = v^2 \left(\frac{\partial^2 \boldsymbol{u}}{\partial x^2} + \frac{\partial^2 \boldsymbol{u}}{\partial y^2} + \frac{\partial^2 \boldsymbol{u}}{\partial z^2} \right) \tag{6.75}$$

この偏微分方程式の解は，$\omega_q = vq$ として

$$\boldsymbol{u}(\boldsymbol{r},t) = \boldsymbol{C} \exp\left(\mathrm{i}\left(\boldsymbol{q}\cdot\boldsymbol{r} - \omega_q t\right)\right) \tag{6.76}$$

3次元の振動状態は，波数ベクトル $\boldsymbol{q}$ と振動方向を表すベクトル $\boldsymbol{C}$ が，平行か直交しているかで3つある．$\boldsymbol{C} \parallel \boldsymbol{q}$ の場合が，縦波であり，$\boldsymbol{C} \perp \boldsymbol{q}$ の場合が，横波である．横波には，独立な成分が2つあることに注意しよう．ここでは簡単化して考えたが，縦波と横波の振動を正確に扱うと，縦波の速さ v_l と横波の速さ v_t は異なり，一般に $v_\mathrm{l} > v_\mathrm{t}$ である．[10]

> **例 6.1** （縦波と横波） 金属の銅では，$v_\mathrm{l} = 5.01 \times 10^3$ m/s, $v_\mathrm{t} = 2.27 \times 10^3$ m/s, 鉛では $v_\mathrm{l} = 1.96 \times 10^3$ m/s, $v_\mathrm{t} = 6.90 \times 10^2$ m/s である．

さて，1辺の長さ L の立方体の固体を考え，x, y, z, それぞれの方向に周期的境界条件を課す．波数ベクトル $\boldsymbol{q}$ は，式 (6.69) と同様に n_α を整数として

$$q_\alpha = \frac{2\pi}{L} n_\alpha \tag{6.77}$$

となる．ただし，$\alpha = x, y, z$ である．

さて，このように固体中の振動が $\eta = \mathrm{t, l}$ として線形分散 $\omega_q^{(\eta)} = v_\eta q$ で記述される模型を**デバイ模型**とよぶ．分配関数の計算をする前に，状態密度について考察しておく．

デバイ模型における分配関数の計算において，6.1節と同様に

$$\lim_{L \to \infty} \frac{1}{L^3} \sum_{\boldsymbol{q}} K\left(\omega_q^{(\eta)}\right) = \int \frac{\mathrm{d}^3 \boldsymbol{q}}{(2\pi)^3} K\left(\omega_q^{(\eta)}\right) = \int_0^\infty \mathrm{d}\omega D_\eta(\omega) K(\omega) \tag{6.78}$$

といった計算が必要となる．状態密度 $D_{\eta(\omega)}$ は

$$\int \frac{\mathrm{d}^3 \boldsymbol{q}}{(2\pi)^3} K\left(\omega_q^{(\eta)}\right) = \frac{1}{2\pi^2} \int_0^\infty \mathrm{d}q\, q^2 K\left(\omega_q^{(\eta)}\right) = \int_0^\infty \mathrm{d}\omega \frac{\omega^2}{2\pi^2 v_\eta^3} K(\omega)$$

より，

$$D_\eta(\omega) = \frac{\omega^2}{2\pi^2 v_\eta^3} \tag{6.79}$$

で与えられる．

縦波と 2 つの横波を考慮すると，

$$\frac{3}{v^3} = \frac{1}{v_\mathrm{l}^3} + \frac{2}{v_\mathrm{t}^3} \tag{6.80}$$

とおけば，状態密度として

$$D(\omega) = \sum_\eta D_\eta(\omega) = \frac{\omega^2}{2\pi^2}\left(\frac{1}{v_\mathrm{l}^3} + \frac{2}{v_\mathrm{t}^3}\right) = \frac{3\omega^2}{2\pi^2 v^3} \tag{6.81}$$

を考えればよい．

原子の個数が N であったとすると，自由度の数は $3N$ となる．3 は 1 つの縦波と 2 つの横波があることによるものである．このことから，ω には上限 ω_D が存在して

$$V \int_0^{\omega_\mathrm{D}} \mathrm{d}\omega D(\omega) = 3N \tag{6.82}$$

となる．この式から ω_D を求めると

$$\omega_\mathrm{D} = v q_\mathrm{D} \tag{6.83}$$

と書ける．ω_D を**デバイ振動数**とよび，**デバイ波数** q_D は

$$q_\mathrm{D} = \left(\frac{6\pi^2 N}{V}\right)^{1/3} \tag{6.84}$$

で与えられる．

さて，熱浴に接した系を考えて，正準分布によってデバイ模型を解析しよう．角振動数が ω_q^η の調和振動子のエネルギー準位は，$n = 0, 1, 2, 3, \ldots$ として

$$\varepsilon_{q,n}^{(\eta)} = \left(n + \frac{1}{2}\right)\hbar\omega_q^{(\eta)} \tag{6.85}$$

で与えれられる．n は角振動数が ω_q^η の振動状態にある粒子の個数と解釈することができる．このように格子振動に関連づけて導入された粒子を**フォノン**と

6.5 固体比熱のデバイ模型

よぶ.

デバイ模型の分配関数は

$$Z = \prod_\eta \prod_{\boldsymbol{q}} \left(\sum_{n=0}^{\infty} \exp\left(-\beta \varepsilon_{q,n}^{(\eta)}\right) \right) = \prod_\eta \prod_{\boldsymbol{q}} \left(\frac{e^{-\frac{1}{2}\beta \hbar \omega_q^{(\eta)}}}{1 - e^{-\beta \hbar \omega_q^{(\eta)}}} \right) \tag{6.86}$$

対数をとって,状態密度の式 (6.81) を用いると

$$\begin{aligned}
\log Z &= -\sum_\eta \sum_{\boldsymbol{q}} \left[\log\left(1 - e^{-\beta \hbar \omega_q^{(\eta)}}\right) + \frac{1}{2}\beta \hbar \omega_q^{(\eta)} \right] \\
&= -V \sum_\eta \int \frac{d^3 \boldsymbol{q}}{(2\pi)^3} \left[\log\left(1 - e^{-\beta \hbar \omega_q^{(\eta)}}\right) + \frac{1}{2}\beta \hbar \omega_q^{(\eta)} \right] \\
&= -V \sum_\eta \int d\omega D_\eta(\omega) \left[\log\left(1 - e^{-\beta \hbar \omega}\right) + \frac{1}{2}\beta \hbar \omega \right] \\
&= -V \int_0^{\omega_{\mathrm{D}}} d\omega D(\omega) \left[\log\left(1 - e^{-\beta \hbar \omega}\right) + \frac{1}{2}\beta \hbar \omega \right]
\end{aligned}$$

内部エネルギーを求めると

$$U = -\frac{\partial}{\partial \beta} \log Z = V \int d\omega D(\omega) \hbar \omega \left(\frac{1}{e^{\beta \hbar \omega} - 1} + \frac{1}{2} \right) \tag{6.87}$$

熱容量は,U を温度 T で微分して

$$\begin{aligned}
C &= \frac{\partial U}{\partial T} = \frac{d\beta}{dT}\frac{\partial U}{\partial \beta} = \frac{V}{k_{\mathrm{B}} T^2} \int_0^{\omega_{\mathrm{D}}} d\omega D(\omega)(\hbar \omega)^2 \frac{e^{\beta \hbar \omega}}{(e^{\beta \hbar \omega} - 1)^2} \\
&= \frac{V}{k_{\mathrm{B}} T^2} \frac{3\hbar^2}{2\pi^2 v^3} \int_0^{\omega_{\mathrm{D}}} d\omega \omega^4 \frac{e^{\beta \hbar \omega}}{(e^{\beta \hbar \omega} - 1)^2}
\end{aligned}$$

$\beta \hbar \omega = x$ と変数変換して,$\theta_{\mathrm{D}} = \hbar \omega_{\mathrm{D}}/k_{\mathrm{B}}$ によって**デバイ温度**を定義する.式 (6.84) から得られる式

$$\frac{V}{N} = \frac{6\pi^2 v^3}{\omega_{\mathrm{D}}^3} \tag{6.88}$$

を用いて整理すると

$$C = 9N k_{\mathrm{B}} \left(\frac{T}{\theta_{\mathrm{D}}}\right)^3 \int_0^{\theta_{\mathrm{D}}/T} dx \frac{x^4 e^x}{(e^x - 1)^2} \tag{6.89}$$

右辺の積分は数値的に計算できるが,$T \gg \theta_{\mathrm{D}}$ の高温極限と $T \ll \theta_{\mathrm{D}}$ の低温極限での近似式を求めてみよう.

まず，$T \gg \theta_D$ の高温極限では，

$$f(z) = \int_0^z dx \frac{x^4 e^x}{(e^x - 1)^2} \tag{6.90}$$

とおくと，$z \ll 1$ のとき

$$f'(z) = \frac{z^4 e^z}{(e^z - 1)^2} = z^2 + O(z^3) \tag{6.91}$$

$f(0) = 0$ より $f(z) \simeq z^3/3$．よって，

$$C = 9Nk_B \left(\frac{T}{\theta_D}\right)^3 f\left(\frac{\theta_D}{T}\right) \simeq 3Nk_B \tag{6.92}$$

となり，デュロン-プティの法則が得られる．

一方，$T \ll \theta_D$ の低温極限では

$$f(\infty) = \int_0^\infty dx \frac{x^4 e^x}{(e^x - 1)^2} = 4 \int_0^\infty dx \frac{x^3}{e^x - 1} \tag{6.93}$$

に公式 (A.45) を適用して，$f(\infty) = 4\pi^4/15$ を得るから

$$C \simeq \frac{12\pi^4}{5} Nk_B \left(\frac{T}{\theta_D}\right)^3 \tag{6.94}$$

ゆえに $C \propto T^3$ であることがわかる．

式 (6.89) を数値的に計算した結果を図 **6.4** に示す．左図は横軸が T/θ_D で，右図は横軸が $(T/\theta_D)^3$ である．$T/\theta_D \sim 0.1$ よりも低温で $C \propto T^3$ によって十分近似できることがわかる．

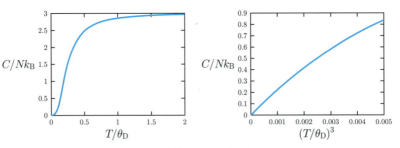

図 **6.4** 固体の比熱のデバイ模型による結果．θ_D はデバイ温度である．

第 6 章 演習問題

演習 6.1 3 次元系における状態密度は式 (6.9) で与えられた．粒子の運動が 1 次元または 2 次元に制限されたとき，状態密度がそれぞれ $D_1(\varepsilon) = \left(\frac{2m}{\hbar^2}\right)^{1/2} \frac{\varepsilon^{-1/2}}{2\pi}$, $D_2(\varepsilon) = \frac{m}{2\pi\hbar^2}$ で与えられることを示せ．

演習 6.2 2 次元系のボース粒子系は，ボース・アインシュタイン凝縮を起こさないことを示せ．

演習 6.3 1 粒子の状態 α のエネルギーが ε_α で与えられる系があり，化学ポテンシャル μ は一定とする．この系のエントロピー S が，(i) フェルミ粒子系のとき，

$$S = -k_\mathrm{B} \sum_\alpha \left[f(\varepsilon_\alpha) \log f(\varepsilon_\alpha) + (1 - f(\varepsilon_\alpha)) \log (1 - f(\varepsilon_\alpha)) \right] \quad (6.95)$$

(ii) ボース粒子系のとき，

$$S = k_\mathrm{B} \sum_\alpha \left[-n(\varepsilon_\alpha) \log n(\varepsilon_\alpha) + (1 + n(\varepsilon_\alpha)) \log (1 + n(\varepsilon_\alpha)) \right] \quad (6.96)$$

となることを示せ．関数 $f(\varepsilon)$, $n(\varepsilon)$ はそれぞれ式 (5.106) および式 (5.104) で与えられている．

演習 6.4 ゾンマーフェルト展開の式 (6.44) を導出せよ．

演習 6.5 超伝導体は，電子の対形成に関連したパラメータ Δ によって特徴づけられ，超伝導状態における励起は，エネルギー $E = \sqrt{\xi^2 + \Delta^2}$ のフェルミ粒子として記述される．ここで，常伝導状態における電子のエネルギーを ε, 化学ポテンシャルを μ として，$\xi = \varepsilon - \mu$ である．この超伝導体の低温における定積熱容量が $\sim \exp(-\Delta/(k_\mathrm{B} T))$ のように指数関数的に減少することを示せ．なお，簡単のため Δ の温度依存性は考えないとする．

コラム：冷却原子系におけるボース-アインシュタイン凝縮

　ボース-アインシュタイン凝縮は，原子や電子が波として振る舞う量子力学的効果が，アボガドロ数個のオーダーの粒子全体に広がる巨視的な量子力学的状態である．超流動や超伝導の本質には，ボース-アインシュタイン凝縮が深く関わっている．しかし，実際の系では相互作用を無視することができず，純粋なボース-アインシュタイン凝縮状態の実現は難しいとされていた．

　近年，原子気体にレーザーを照射することで原子気体の温度を極低温まで下げる技術が開発され，ボース-アインシュタイン凝縮状態が実現されている．E. A. コーネル，W. ケターレ，C. E. ウィーマンの3人は，この業績により2001年，ノーベル物理学賞を受賞している．図 6.5 は，冷却原子系におけるボース-アインシュタイン凝縮状態を示す実験結果である．冷却原子系では，レーザーの定在波を導入して人工的な格子を形成したり，原子間の相互作用を変化させたりといったことが可能である．このような特長から，様々な物理のモデルを検証する系として，精力的な研究が行われている．

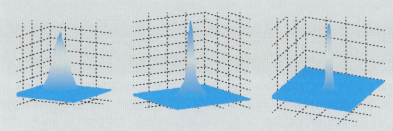

図 6.5　実空間における原子分布の実験データ．
　　　　左から，ボース-アインシュタイン凝縮直前，35%凝縮，ほぼ100%凝縮した状態．（京都大学大学院人間・環境学研究科木下俊哉研究室で得られた結果．）

第7章 相転移

3.4節では熱力学の範囲で，気体-液体相転移を考えた．この章では，統計力学を強磁性相転移に適用する．強磁性のモデルとしてイジング模型を考え，平均場近似の範囲内で転移温度を求める．転移温度近傍で現れる熱容量，帯磁率，相関長の異常についても述べる．

7.1 強磁性転移の平均場理論

強磁性の簡単なモデルとして5.3.4項で導入したイジング模型を考える．

$$H = -J \sum_{\langle i,j \rangle} \sigma_i \sigma_j \tag{7.1}$$

相互作用は隣り合う格子点のみ働く．強磁性を記述するために，$J > 0$ を仮定する．5.3.4項では，1次元格子を考えた．1次元格子では分配関数を厳密に計算することができたが，2次元以上では非常に難しい問題となる．2次元の正方格子ではオンサーガーの厳密解が知られているが，その記述には本書の範囲を超える数学的道具が必要になる．3次元の立方格子では未だ厳密解は知られていない．

d 次元の超立方格子を仮定して，**平均場近似**による近似解を求めよう．1つの格子点に隣接する格子点の数は $z = 2d$ である．平均場近似は z が大きくなるほど，近似の精度がよくなる．まず，この点について考察しよう．

スピン σ_j の平均値が m で，分散が s^2 とする．すなわち，

$$\langle \sigma_j \rangle = m, \qquad \langle (\sigma_j - m)^2 \rangle = s^2 \tag{7.2}$$

である．さて，1つのスピン σ_j に着目する．σ_j と相互作用する z 個のスピンを $\sigma_1^{(j)}, \sigma_2^{(j)}, ..., \sigma_z^{(j)}$ とする．スピン σ_j とこれらのスピンの間の相互作用によるエネルギーを E_j とすると

$$E_j = -J\sigma_j \sum_{\ell=1}^{z} \sigma_\ell^{(j)} = -zJ\sigma_j m_j \tag{7.3}$$

ここで m_j は σ_j と相互作用するスピンの値の平均値であり，

$$m_j = \frac{1}{z}\sum_{\ell=1}^{z}\sigma_\ell^{(j)} \tag{7.4}$$

である．m_j の平均値は明らかに m である．また，この表式を用いて，演習問題 4.1 と同様に考えると，m_j の平均値 m からの相対誤差は $O(1/\sqrt{z})$ となる．よって，$z \gg 1$ でゆらぎが無視できる．

さて，平均場近似の範囲内で相転移を調べよう．系が熱浴に接しているとして，正準分布を適用する．平均場近似によるハミルトニアンは

$$H_{\mathrm{MF}} = -zmJ\sum_{j=1}^{N}\sigma_j + \frac{1}{2}zNJm^2 \tag{7.5}$$

右辺の第 1 項は，スピン σ_j がスピンの平均値 m と相互作用していることを表している．右辺第 2 項の定数項は，平均場近似の範囲内で $\langle H_{\mathrm{MF}}\rangle = \langle H\rangle$ がみたされるように付加した項である．ハミルトニアン (7.1) において，置き換え

$$\sigma_i\sigma_j \to \langle\sigma_i\rangle\sigma_j + \sigma_i\langle\sigma_j\rangle - \langle\sigma_i\rangle\langle\sigma_j\rangle \tag{7.6}$$

を行って，$\langle\sigma_j\rangle = m$ としたと考えてもよい．分配関数を Z_{MF} とすると

$$\begin{aligned}Z_{\mathrm{MF}} &= \sum_{\{\sigma_j\}}\exp\left(-\beta H_{\mathrm{MF}}\right) = \exp\left(-\frac{\beta zNJm^2}{2}\right)\sum_{\{\sigma_j\}}\exp\left(\beta zJm\sum_j\sigma_j\right)\\ &= \exp\left(-\frac{\beta zNJm^2}{2}\right)[2\cosh(\beta zJm)]^N\end{aligned} \tag{7.7}$$

σ_j の平均値は，

$$\langle\sigma_j\rangle = \frac{\sum_{\{\sigma_j\}}\sigma_j\exp(-\beta H_{\mathrm{MF}})}{Z_{\mathrm{MF}}} = \frac{\sum_{\sigma_j=\pm 1}\sigma_j\exp(\beta zJm\sigma_j)}{\sum_{\sigma_j=\pm 1}\exp(\beta zJm\sigma_j)}$$

$$= \tanh(\beta zJm)$$

こうして得られた平均値が，最初に仮定した平均値 m に等しいことから

$$m = \tanh(\beta zJm) \tag{7.8}$$

この方程式は，**平均場の方程式**とよばれる．最初に平均場の値 $\langle\sigma_j\rangle = m$ を仮

定して，σ_j の平均値を計算し，最初に仮定した値と同じ値が得られるという構造になっている．そのため，**自己無撞着方程式**ともよばれる．

さて，式 (7.8) が解をもつかどうかを調べよう．横軸を m として，式 (7.8) の左辺と右辺の関数をそれぞれ図示すると，図 **7.1** になる．式 (7.8) の右辺は，関数 $\tanh(\beta z J m)$ だが，$m = 0$ 近傍では直線で近似できる．近似した直線の傾きは，図に示したように $\beta z J$ である．

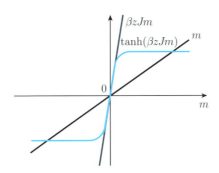

図 **7.1** 平均場の方程式 (7.8) の左辺と右辺の m 依存性．
$m = 0$ 近傍において，$\tanh(\beta z J m)$ は傾き $\beta z J$ の直線で近似できる．

$\beta z J > 1$ の場合には，2 つのグラフの交点は 3 つ存在する．$m = 0$ と $m \neq 0$ の 2 つの点である．一方，$\beta z J < 1$ の場合には，交点は $m = 0$ しか存在しない．すなわち，

$$T_c = \frac{zJ}{k_B} \tag{7.9}$$

として，$T > T_c$ では $m = 0$ であり，$T < T_c$ では $m \neq 0$ の解が存在する．$T < T_c$ において，$m = 0$ も解であるが，後述のように $m \neq 0$ の状態のほうがヘルムホルツの自由エネルギーが小さい．そのため，熱平衡状態として実現するのは $m \neq 0$ の強磁性状態である．

平均場近似では，強磁性への相転移温度が式 (7.9) で与えられることがわかった．$d = 2$ の場合には，$z = 4$ であるから，$k_B T_c / J = 4$ となる．一方，$d = 2$ の場合には**オンサーガーの厳密解**が存在し，$k_B T_c / J = 2 / \log(1 + \sqrt{2}) = 2.2692...$ であることがわかっている．$z = 4$ では z の値が小さすぎてゆらぎの効果を無視できず，転移温度が式 (7.9) よりも低くなる．

平均場の方程式 (7.8) の近似解を求めよう．$T \sim T_c$ および $T \sim 0$ では近似解を求めることができる．$t = T/T_c$ とおくと，式 (7.8) は

$$m = \tanh\left(\frac{m}{t}\right) \tag{7.10}$$

と書ける．$T \sim T_c$，すなわち $t \sim 1$ のとき，$m \sim 0$ だから，$\tanh x$ の $x = 0$ 近傍でのテイラー展開 $\tanh x = x - x^3/3 + \cdots$ を用いて，

$$m \simeq \frac{m}{t} - \frac{1}{3}\left(\frac{m}{t}\right)^3 \tag{7.11}$$

m について解くと

$$m \simeq \pm\sqrt{3t^2(1-t)} \simeq \pm\sqrt{3(1-t)} \tag{7.12}$$

$T \sim 0$ の場合には，$m > 0$ の解を考えると $m \sim 1$ であり，$m/T \gg 1$ だから

$$m \simeq 1 - 2\exp\left(-\frac{2m}{t}\right) \simeq 1 - 2\exp\left(-\frac{2}{t}\right) \tag{7.13}$$

となる．

平均場の方程式 (7.8) は数値計算によって解くことができる．まず，t を $t < 1$ の値に固定する．m の値として適当な値（例えば 0.3）を選び，式 (7.10) の右辺に代入して，m の値を改めて計算する．新たに得られた m を式 (7.10) の右辺に代入して，さらに m の値を更新する．同様の手続きを繰り返すと，m の値が一定の値に近づくことが確かめられる．このような数値計算のアルゴリズムを**反復法**とよぶ．

数値計算によって求めた $m = m(T)$ を図 **7.2** に示す．

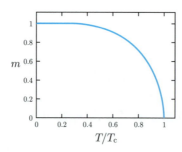

図 **7.2** 平均場方程式 (7.10) の数値解

7.1 強磁性転移の平均場理論

強磁性転移は 2 次相転移に分類される．2 次相転移の場合，相転移点において，熱力学関数の 2 階微分に関係する物理量に異常が現れる．具体的に，熱容量と帯磁率の振る舞いをみてみよう．

平均場近似での内部エネルギーを E_{MF} とすると，

$$E_{\text{MF}} = -\frac{\partial}{\partial \beta} \log Z_{\text{MF}} = -\frac{\partial}{\partial \beta}\left(-\frac{\beta z N J m^2}{2} + N \log\left[2\cosh\left(\beta z J m\right)\right]\right)$$

$$= \frac{zNJm^2}{2} - NzJm \tanh(\beta zJm) = -\frac{zNJ}{2}m^2 \tag{7.14}$$

最後の等号では，平均場の方程式 (7.8) を用いた．熱容量は

$$C = \frac{\partial E_{\text{MF}}}{\partial T} \tag{7.15}$$

で与えられる．

$T > T_{\text{c}}$ のとき，$m = 0$ だから $C = 0$ である．$T < T_{\text{c}}$ かつ，$T \sim T_{\text{c}}$ のとき，式 (7.12) を式 (7.14) に代入して，式 (7.15) によって C を求めると

$$C \simeq \frac{\partial}{\partial T}\left[-\frac{3zNJ}{2}\left(1 - \frac{T}{T_{\text{c}}}\right)\right] = \frac{3}{2}\frac{zNJ}{T_{\text{c}}} = \frac{3}{2}Nk_{\text{B}} \tag{7.16}$$

よって，熱容量は $T = T_{\text{c}}$ で不連続的に変化する．

熱容量 C の $T \sim 0$ での振る舞いをみてみよう．式 (7.13) を式 (7.14) に代入して，式 (7.15) によって C を求めると

$$C \simeq \frac{\partial}{\partial T}\left\{-\frac{zNJ}{2}\left[1 - 2\exp\left(-\frac{2}{t}\right)\right]^2\right\} \simeq -\frac{zNJ}{2}\frac{\partial}{\partial T}\left[1 - 4\exp\left(-\frac{2T_{\text{c}}}{T}\right)\right]$$

$$= 4Nk_{\text{B}}\left(\frac{T_{\text{c}}}{T}\right)^2 \exp\left(-\frac{2T_{\text{c}}}{T}\right)$$

よって $T \to 0$ で，C は指数関数的にゼロに近づく．

数値的に求めた $m(T)$ を用いて C を計算することができる．まず，式 (7.8) を T で微分する．m が T の関数であることに注意して

$$\frac{dm}{dT} = \frac{1}{\cosh^2\left(\frac{zJm}{k_{\text{B}}T}\right)}\left(\frac{zJ}{k_{\text{B}}T}\frac{dm}{dT} - \frac{zJm}{k_{\text{B}}T^2}\right) \tag{7.17}$$

この式より dm/dT を求め，式 (7.14) と式 (7.15) から

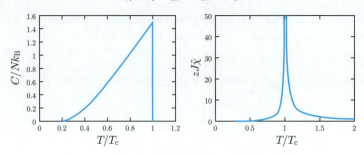

図 **7.3** 平均場近似による熱容量と帯磁率の計算結果

$$C = Nk_B \left(\frac{T_c}{T}\right)^2 \frac{m^2}{\cosh^2\left(\frac{T_c}{T}m\right) - \frac{T_c}{T}} \tag{7.18}$$

数値的に求めた $m(T)$ を右辺に代入して C を計算すると図 **7.3** の左図のようになる．C は $T = T_c$ でとびを示し，$T < T_c$ において急激にゼロに減衰する．

次に帯磁率を求めよう．帯磁率 χ は全磁気モーメントを M，磁場を B とすると

$$\chi = \left.\frac{\partial M}{\partial B}\right|_{B=0} \tag{7.19}$$

で定義される．差分により

$$\Delta M = \chi \Delta B \tag{7.20}$$

と書くと明らかなように，帯磁率は磁場を増加させたとき，M がどれだけ増加するか，その割合を表す．χ が大きいと，わずかな磁場の変化で M が大きく変化することになる．

磁場が存在するときの平均場のハミルトニアンは

$$\begin{aligned}H_{MF} &= -zmJ\sum_{j=1}^{N}\sigma_j + \frac{1}{2}zNJm^2 - b\sum_{j=1}^{N}\sigma_j \\ &= -(zmJ + b)\sum_{j=1}^{N}\sigma_j + \frac{1}{2}zNJm^2\end{aligned}$$

と書ける．B と b の関係は，ボーア磁子を μ_B，真空の透磁率を μ_0 として $b = \mu_0 \mu_B B$ である．$b = 0$ の場合との違いは，zJm が $zJm+b$ に置き換わっていることである．したがって，$b = 0$ の場合と同様の計算を行うと，平均場の方程式は

7.1 強磁性転移の平均場理論

$$m = \tanh\left(\beta\left(zJm + b\right)\right) \tag{7.21}$$

M は $M = \mu_{\mathrm{B}} N m$ と表される。χ を求めるために式 (7.21) を b で偏微分すると

$$\frac{\partial m}{\partial b} = \frac{\beta}{\cosh^2\left(\beta\left(zJm + b\right)\right)} \left(zJ\frac{\partial m}{\partial b} + 1\right) \tag{7.22}$$

この式より

$$\frac{\partial m}{\partial b} = \frac{\beta}{\cosh^2\left(\beta\left(zJm + b\right)\right) - \beta zJ} \tag{7.23}$$

式 (7.19) より

$$\chi = \mu_0 \mu_{\mathrm{B}}^2 N \left.\frac{\partial m}{\partial b}\right|_{b=0} \tag{7.24}$$

$\chi/\mu_0\mu_{\mathrm{B}}^2 N$ を改めて $\tilde{\chi}$ と書けば、式 (7.23) で $b = 0$ とおいて

$$\tilde{\chi} = \frac{\beta}{\cosh^2\left(\beta zJm\right) - \beta zJ} \tag{7.25}$$

$\tilde{\chi}$ の $T = T_{\mathrm{c}}$ 近傍の振る舞いを調べよう。$T > T_{\mathrm{c}}$ のとき $m = 0$ だから式 (7.25) より

$$\tilde{\chi} = \frac{\beta}{1 - \beta zJ} = \frac{1}{k_{\mathrm{B}}T - zJ} = \frac{1}{k_{\mathrm{B}}}\frac{1}{T - T_{\mathrm{c}}} \tag{7.26}$$

となる。よって、$T \to T_{\mathrm{c}}$ で $\tilde{\chi}$ は発散する。$T < T_{\mathrm{c}}$ においては、まず、公式 $1 - \tanh^2 x = 1/\cosh^2 x$ を用いて式 (7.25) を書き換えると

$$\tilde{\chi} = \frac{\beta}{\frac{1}{1-\tanh^2(\beta zJm)} - \beta zJ} = \frac{\beta\left(1 - m^2\right)}{1 - \beta zJ\left(1 - m^2\right)} \tag{7.27}$$

2 番目の等号では、平均場の方程式 (7.8) を用いた。近似式 (7.12) を代入して計算すると

$$\tilde{\chi} \simeq \frac{1}{2k_{\mathrm{B}}}\frac{1}{T_{\mathrm{c}} - T} \tag{7.28}$$

となる。よって、$m \neq 0$ である低温側から T_{c} に近づいても $\tilde{\chi}$ は発散していることがわかる。

式 (7.27) に数値的に求めた $m(T)$ を代入して計算した $\tilde{\chi}$ を図 **7.3** の右図に

示す．$T \sim T_c$ で $\tilde{\chi}$ は大きくなり，磁場によって磁化が容易に変化する．一方，$T \gg T_c$ では $\tilde{\chi} \sim 0$ だから，磁場への磁化の応答は弱い．$T \ll T_c$ においても，$\tilde{\chi} \sim 0$ である．これは，m の値が磁場によって容易に変化しないことを表す．

ここで χ の発散の特徴について説明しておく．c_0，γ を定数として

$$\chi = \frac{c_0}{(T-T_c)^\gamma} \tag{7.29}$$

とおくと，平均場近似では $\gamma = 1$ である．2 次相転移では，相転移点において様々な物理量に特異な振る舞いがみられる．上述のように χ は $T = T_c$ で発散するが，その発散を特徴づける指数 γ を**臨界指数**とよぶ．2 次元の厳密解の結果では $\gamma = 7/4$ であることが知られている．実験からは $\gamma = 1.2 \sim 1.3$ の値が示唆されている．物理的に全く異なる系であっても，臨界指数が同一になる場合がある．2 次相転移は臨界指数によって分類することが可能であり，このことを臨界現象の**普遍性**（ユニバーサリティ）とよぶ．相転移点近傍では，考えている系のミクロな詳細によらない，普遍的な性質が現れる．

7.2 自由エネルギー

次に自由エネルギーを考察しよう．特に $T \sim T_c$ での振る舞いを考える．式 (7.7) より，平均場近似でのヘルムホルツの自由エネルギー F_{MF} は

$$F_{\mathrm{MF}} = -\frac{1}{\beta}\log Z_{\mathrm{MF}} = \frac{zNJm^2}{2} - \frac{N}{\beta}\log\left[2\cosh\left(\beta zJm\right)\right] \tag{7.30}$$

$T \sim T_c$ の場合を考えると，$m \sim 0$ である．$x = 0$ 近傍での展開式

$$\frac{\mathrm{d}}{\mathrm{d}x}\left[\log\left(2\cosh x\right)\right] = \tanh x = x - \frac{x^3}{3} + \cdots \tag{7.31}$$

を積分すると

$$\log\left(2\cosh x\right) = \log 2 + \frac{x^2}{2} - \frac{x^4}{12} + \cdots \tag{7.32}$$

定数項 $\log 2$ は $x = 0$ での値から決まる．この公式を式 (7.30) に適用すると

$$\begin{aligned}F_{\mathrm{MF}} &= \frac{zNJm^2}{2} - \frac{N}{\beta}\left[\log 2 + \frac{1}{2}(\beta zJm)^2 - \frac{1}{12}(\beta zJm)^4 + \cdots\right] \\ &= -Nk_{\mathrm{B}}T\log 2 + \frac{zJ}{2T}(T-T_c)Nm^2 + \frac{zJ}{12}\left(\frac{T_c}{T}\right)^3 Nm^4 + \cdots\end{aligned} \tag{7.33}$$

$F_{\mathrm{MF}}^0 = -Nk_{\mathrm{B}}T\log 2$ とおいて，m について 4 次までで近似する．さらに，$T \sim T_{\mathrm{c}}$ だから

$$\frac{F_{\mathrm{MF}} - F_{\mathrm{MF}}^0}{zNJ} \simeq \frac{1}{2}\left(\frac{T}{T_{\mathrm{c}}} - 1\right)m^2 + \frac{1}{12}m^4 \tag{7.34}$$

右辺を f とおいて，$T > T_{\mathrm{c}}$ と $T < T_{\mathrm{c}}$ の場合に図示すると 図 7.4 のようになる．

さて，図 7.4 からわかるように，$T > T_{\mathrm{c}}$ では f は $m = 0$ で最小値をとる．$T < T_{\mathrm{c}}$ では，f の最小値は $m \neq 0$ の値のところにある．よって，$T < T_{\mathrm{c}}$ において平均場の方程式 (7.8) は $m = 0$ と $m \neq 0$ の解をもつが，自由エネルギー F が最小値をとるのは $m \neq 0$ の場合である．

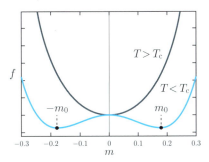

図 **7.4** 平均場近似によるヘルムホルツの自由エネルギー．$T > T_{\mathrm{c}}$ の場合と $T < T_{\mathrm{c}}$ の場合を図示している．

図 **7.4** からわかるように，$T < T_{\mathrm{c}}$ において，f が最小値をとる $m > 0$ の値を m_0 とすると，$m = -m_0$ においても f は最小値をとる．m_0 と $-m_0$ のどちらが選ばれるかは，**自発的対称性の破れ**によって決まる．

7.3 ゆらぎの効果

平均場近似において無視されている項の大きさを評価してみよう．イジング模型のハミルトニアン (7.1) において

$$\sigma_j - m = \delta\sigma_j \tag{7.35}$$

とおくと，

$$H = -J\sum_{\langle i,j \rangle} \sigma_i \sigma_j = -J\sum_{\langle i,j \rangle}(m+\delta\sigma_i)(m+\delta\sigma_j)$$
$$= -\frac{NzJ}{2}m^2 - zJm\sum_j \delta\sigma_j + H_2$$

ただし

$$H_2 = -J\sum_{\langle i,j \rangle} \delta\sigma_i \delta\sigma_j \tag{7.36}$$

である．この H_2 を無視した近似が平均場近似であり，$H - H_2 = H_{\mathrm{MF}}$ であることを容易に確かめられる．

分配関数を考え，H_2 が関係する項を展開すると

$$\begin{aligned}
Z &= \sum_{\{\sigma_j\}} \exp(-\beta(H_{\mathrm{MF}} + H_2)) \\
&= \exp\left(-\frac{\beta z N J m^2}{2}\right) \sum_{\{\sigma_j\}} \exp\left(\beta z J m \sum_j \sigma_j\right)\left(1 - \beta H_2 + \frac{1}{2}\beta^2 H_2^2 + \cdots\right) \\
&= Z_{\mathrm{MF}} \sum_{\{\sigma_j\}} \frac{\exp\left(\beta z J m \sum_j \sigma_j\right)}{Z_{\mathrm{MF}}} \left(1 - \beta H_2 + \frac{1}{2}\beta^2 H_2^2 + \cdots\right) \\
&= Z_{\mathrm{MF}} \left(1 - \beta \langle H_2 \rangle + \frac{1}{2}\beta^2 \langle H_2^2 \rangle + \cdots\right) \tag{7.37}
\end{aligned}$$

ここで平均 $\langle \ldots \rangle$ は，平均場近似のハミルトニアン H_{MF} のもとでの，正準分布による平均である．式 (7.37) は厳密な表式であるが，平均場近似とのずれが $\langle H_2 \rangle$ や $\langle (H_2)^2 \rangle$ などから生じる．これらの項を評価しよう．

まず，$\langle H_2 \rangle = 0$ であることが次の計算からわかる．

$$\langle H_2 \rangle = -J\sum_{\langle i,j \rangle} \langle \delta\sigma_i \delta\sigma_j \rangle = -J\sum_{\langle i,j \rangle} \langle \delta\sigma_i \rangle \langle \delta\sigma_j \rangle = 0 \tag{7.38}$$

平均場近似での平均 $\langle \ldots \rangle$ においては，$\langle \sigma_i \sigma_j \rangle = \langle \sigma_i \rangle \langle \sigma_j \rangle$ であることに注意しよう．

次に，$\langle (H_2)^2 \rangle$ を評価しよう．一見，$\langle H_2 \rangle$ と同様にゼロになりそうだが，そうではない．

$$\langle (H_2)^2 \rangle = J^2 \left\langle \sum_{\langle i,j \rangle} \delta\sigma_i \delta\sigma_j \sum_{\langle p,q \rangle} \delta\sigma_p \delta\sigma_q \right\rangle \quad (7.39)$$

となるが, i, j, p, q がすべて異なる格子点であれば右辺はゼロとなる. しかし, i, j, p, q のうち, 一致するものが存在すると右辺の平均は有限になる. 有限になる場合は, (i,j) で表される2つの格子点のペアと (p,q) で表される2つの格子点のペアが一致する場合である. よって,

$$\begin{aligned}\frac{\langle (H_2)^2 \rangle}{J^2} &= \left\langle \sum_{\langle i,j \rangle} (\delta\sigma_i)^2 (\delta\sigma_j)^2 \right\rangle \\ &= \sum_{\langle i,j \rangle} \langle (\delta\sigma_i)^2 \rangle \langle (\delta\sigma_j)^2 \rangle \\ &= \frac{1}{2} Nz \left(1 - m^2\right)^2 \end{aligned}$$

ここで

$$\langle (\delta\sigma_j)^2 \rangle = \langle (\sigma_j - m)^2 \rangle = \langle \sigma_j^2 \rangle - m^2 = 1 - m^2 \quad (7.40)$$

であることを用いた. 自由エネルギーで書くと

$$F = F_{\mathrm{MF}} + \frac{1}{2} Nz J^2 \beta (1 - m^2)^2 + \cdots \quad (7.41)$$

となる.

まず, $T \sim 0$ の場合を考察しよう. このとき $m \sim 1$ であるから式 (7.41) の右辺第2項は無視できる. 特に $T = 0$ では, $m = 1$ だから平均場近似の結果は厳密な結果と一致することになる. 一方, $T \sim T_c$ の場合には $m \sim 0$ であるから, 式 (7.41) の右辺第2項は無視することができない. 同様に高次の項 $\langle (H_2)^{2n} \rangle$ も無視することができず, $T \sim T_c$ において, ゆらぎの効果が重要となりえる. このため, 平均場近似による相転移温度が厳密な値からずれ, また臨界指数も厳密な値と一致しない.

7.4 相関関数とゆらぎ

帯磁率は式 (7.20) からわかるように，外場に対する系の応答を特徴づける量である．このような外場に対する応答は，相関関数と関連づけることができる．相関関数とは，物理量の間の関係の度合いを表す量である．以下にこれを示そう．

外場が存在しているときのイジング模型のハミルトニアンは

$$H = -J \sum_{\langle i,j \rangle} \sigma_i \sigma_j - b \sum_j \sigma_j \tag{7.42}$$

で与えられる．分配関数は，次式で与えられる．

$$Z = \sum_{\{\sigma_j\}} \exp\left(\beta J \sum_{\langle i,j \rangle} \sigma_i \sigma_j + \beta b \sum_j \sigma_j \right) \tag{7.43}$$

ひとつの格子点あたりの磁化を m とすると

$$m = \frac{1}{N} \sum_j \langle \sigma_j \rangle = \frac{1}{N\beta} \frac{\partial}{\partial b} \log Z \tag{7.44}$$

規格化された帯磁率を

$$\tilde{\chi} = \left. \frac{\partial m}{\partial b} \right|_{b=0} \tag{7.45}$$

で定義すると，式 (7.44) より

$$\tilde{\chi} = \frac{1}{N\beta} \frac{\partial^2}{\partial b^2} \log Z \bigg|_{b=0} = \frac{1}{N\beta} \left[\frac{1}{Z} \frac{\partial^2 Z}{\partial b^2} - \left(\frac{1}{Z} \frac{\partial Z}{\partial b} \right)^2 \right] \bigg|_{b=0} \tag{7.46}$$

ここで

$$\frac{\partial Z}{\partial b} = \beta \sum_{\{\sigma_j\}} \left(\sum_p \sigma_p \right) \exp\left(\beta J \sum_{\langle i,j \rangle} \sigma_i \sigma_j + \beta b \sum_j \sigma_j \right) \tag{7.47}$$

$$\frac{\partial^2 Z}{\partial b^2} = \beta^2 \sum_{\{\sigma_j\}} \left(\sum_{p,q} \sigma_p \sigma_q \right) \exp\left(\beta J \sum_{\langle i,j \rangle} \sigma_i \sigma_j + \beta b \sum_j \sigma_j \right) \tag{7.48}$$

であることから

$$\tilde{\chi} = \frac{\beta}{N} \sum_{i,j} \left(\langle \sigma_i \sigma_j \rangle - \langle \sigma_i \rangle \langle \sigma_j \rangle \right) \tag{7.49}$$

と書ける.ただし平均 $\langle ... \rangle$ は

$$\langle A \rangle = \frac{1}{Z} \sum_{\{\sigma_j\}} \exp\left(\beta J \sum_{i,j} \sigma_i \sigma_j \right) A \tag{7.50}$$

で表される,$b=0$ での平均である.

式 (7.49) の右辺に現れる量

$$G_{ij} = \langle \sigma_i \sigma_j \rangle - \langle \sigma_i \rangle \langle \sigma_j \rangle \tag{7.51}$$

を**相関関数**とよぶ.特に $T > T_c$ の場合を考えると,$\langle \sigma_j \rangle = 0$ だから

$$\tilde{\chi} = \frac{\beta}{N} \sum_{i,j} \langle \sigma_i \sigma_j \rangle \tag{7.52}$$

$i = j + \ell$ とおいて,並進対称性

$$\langle \sigma_{j+\ell} \sigma_j \rangle = \langle \sigma_\ell \sigma_0 \rangle \tag{7.53}$$

を仮定すると

$$\tilde{\chi} = \beta \sum_{\ell} \langle \sigma_\ell \sigma_0 \rangle \tag{7.54}$$

と書ける.a を格子定数として,$\langle \sigma_\ell \sigma_0 \rangle \neq 0$ である ℓ が $\ell < \xi/a$ の範囲にあるとすると,

$$\tilde{\chi} \sim \beta \left(\frac{\xi}{a} \right)^d \tag{7.55}$$

となる.ξ を**相関長**とよび,相関が存在する 2 つのスピン間の距離を表す.相転移点において $\tilde{\chi} \to \infty$ だから,相関長も発散する.平均場近似では,$d = 2$ とすると

$$\xi \sim \frac{1}{(T - T_c)^{1/2}} \tag{7.56}$$

となる.

第 7 章　演習問題

演習 7.1 各原子がスピン S をもち，互いに相互作用している強磁性物質がある．スピンを古典的に扱い，j 番目の原子のスピンを $\boldsymbol{S}_j = S(\sin\theta_j\cos\phi_j, \sin\theta_j\sin\phi_j, \cos\theta_j)$ で表す．スピン間の相互作用を平均場近似で扱い，1 つのスピンは z 個のスピンの平均場 $\boldsymbol{m}$ と相互作用し，ハミルトニアンが，$J>0$ として次式で与えられるとする．

$$H_{\mathrm{mf}} = -zJ\boldsymbol{m}\cdot\sum_{j=1}^{N}\boldsymbol{S}_j \tag{7.57}$$

$\boldsymbol{m} = m\boldsymbol{e}_z$ と仮定して，強磁性への転移温度が，$T_{\mathrm{c}} = \frac{zJS^2}{3k_{\mathrm{B}}}$ となることを示せ．なお，公式 $\coth x - \frac{1}{x} = \frac{x}{3} - \frac{x^3}{45} + \cdots$ を用いてよい．

演習 7.2 前問でスピンが量子スピンの場合，S_{jz} がとりえる値は，$S_{jz} = -S, -S+1, -S+2, ..., S-1, S$ となる．この場合，強磁性への転移温度が，$T_{\mathrm{c}} = \frac{zJS(S+1)}{3k_{\mathrm{B}}}$ となることを示せ．

演習 7.3 電子のスピンが 2 次元ベクトルで表され，これらのスピンが相互作用するモデルを 2 次元 **XY 模型** とよぶ．ハミルトニアンは，$H = -J\sum_{\langle i,j\rangle}\boldsymbol{S}_i\cdot\boldsymbol{S}_j = -JS^2\sum_{\langle i,j\rangle}\cos(\theta_i - \theta_j)$ で与えられる．記号 $\langle i,j\rangle$ は，相互作用するスピンのペア i,j について和をとることを示し，$\boldsymbol{S}_j = (S\cos\theta_j, S\sin\theta_j)$ である．$\cos\theta = 1 - \frac{\theta^2}{2} + \cdots$ と展開して，格子間隔がゼロの極限をとると，定数項を除いて

$$H = \frac{JS^2}{2}\int d^2\boldsymbol{r}(\nabla\theta)^2 \tag{7.58}$$

となる．

(1) a を渦芯の大きさとし，系を半径 R の円の内部と仮定する．図 **7.5** に示した孤立した渦 $\nabla\theta = \left(-\frac{y}{r^2}, \frac{x}{r^2}\right)$ のエネルギー ε が，$\varepsilon = \pi JS^2\log\frac{R}{a}$ となることを示せ．ここで $r = \sqrt{x^2+y^2}$ であり，$a \leq r \leq R$ である．

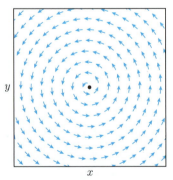

図 **7.5**　孤立した渦のまわりのスピン配置．中央の黒丸は渦の中心を表す．

(2) 渦の個数を N_v とおく．渦が系のどの場所にでも存在しえるとして，エントロピーの表式 $S = 2N_\mathrm{v} k_\mathrm{B} \log \frac{R}{a}$ を示せ．

(3) この系が相転移を起こすことを示し，転移温度 T_c を求めよ．この相転移を**ベレジンスキー-コステリッツ-サウレス転移**とよぶ．[1]

コラム：超伝導

物質が示す相転移の中で，超伝導は最も魅力的な相転移のひとつである．YouTube で「マイスナー効果」をキーワードに検索すると，超伝導体が示す不思議な挙動をみることができる．[2] 1908 年，オネスがヘリウムの液化に成功した後，金属を極低温まで冷やすとどうなるかということが問題になった．1911 年，オネスが水銀の電気抵抗の温度依存性を測定したところ，4.2 K 付近で電気抵抗が消失することが発見された．

最初の発見以降，アインシュタイン，ボーア，ファインマンなど錚々たる物理学者たちが理論的解明を試みたが，長らく物理学における難問となっていた．転機となったのは，1956 年のクーパーの論文である．電子はフェルミ統計に従うため，金属中の電子はフェルミエネルギー以下の状態がすべて占有されている．この状態に 2 つの電子を付加し，それらの電子間に引力相互作用が働くという簡単なモデルを，クーパーは考えた．[3] そして，電子がペアを組む状態が安定化す

---

[1] ある点の周りを 1 周したとき，位相 θ の変化として許されるのは n を整数として $2\pi n$ である．(1) で与えた渦の場合，渦の周りを 1 周する経路を C として，$\oint_\mathrm{C} d\boldsymbol{r} \cdot \nabla \theta = 2\pi$ となるから $n = 1$ である．一方，$\nabla \theta = \left(\frac{y}{r^2}, -\frac{x}{r^2}\right)$ の渦を考えると $n = -1$ となる．このように，渦は整数を用いて特徴付けられ，数学的には位相幾何学（トポロジー）という分野と関係する．$T > T_\mathrm{c}$ の高温ではこれらの渦が自由に動き回ることで，系のスピンが秩序化するのを妨げる．一方，$T < T_\mathrm{c}$ の低温になると $n = 1$ と $n = -1$ の渦が対を形成し，乱れの効果が抑えられる．ベレジンスキーおよびサウレスとコステリッツは，トポロジーが重要な役割を演じるこの驚くべき相転移を独立に発見した．その後，量子ホール効果，1 次元の量子スピン系，トポロジカル絶縁体など，トポロジーが本質的に重要な系が続々と発見され，サウレスとコステリッツはハルデインと共に 2016 年のノーベル物理学賞を受賞している．（ベレジンスキーは 1980 年に 44 歳の若さで亡くなっている．）

[2] お勧めの動画の URL は下記である．
https://www.youtube.com/watch?v=c3asSdngzLs

[3] 格子振動を媒介として電子間に働く相互作用が引力相互作用の起源である．

るということを見出した．このクーパー対形成のアイデアをもとに，超伝導の起源を解明したのが，1957年のバーディーン，クーパー，シュリーファーによるBCS理論である．BCS理論によって，超伝導に関する実験結果が見事に説明されていった．実験的には転移温度が高い超伝導体の探索が行われていたが，転移温度が30 Kを超えることは不可能とされ，BCSの壁とよばれていた．

　この状況を打ち破ったのが，1986年のベドノルツとミューラーによる銅酸化物高温超伝導体の発見である．最初は組成が明らかでなかったため，電気抵抗の実験結果も明瞭ではなかった．しかし，その後，日本とアメリカの研究グループによって独立に検証され，1987年には初めて液体窒素温度77 Kを超える銅酸化物高温超伝導体 $YBa_2Cu_3O_{7-x}$ が発見された．この銅酸化物高温超伝導も，クーパー対が形成され凝縮することによるものと考えられているが，クーパー対を形成する機構が未だ明らかにされておらず，超伝導研究に立ちはだかる第2の壁となっている．♣[4]

　なお，$YBa_2Cu_3O_{7-x}$ は，電気炉があれば簡単に合成することができる．図 7.6 は学生実験で作成した $YBa_2Cu_3O_{7-x}$ を用いてマイスナー効果を確認した写真である．

図 7.6 銅酸化物高温超伝導体が示すマイスナー効果．中央の銀色の物質はネオジウム磁石で，その下の黒い物質が銅酸化物高温超伝導体である．マイスナー効果によって，磁石が浮く．

♣[4] その他，磁性元素である鉄を含む超伝導体の発見（2006年）や，150 GPa という超高圧下の硫化水素で190 K という転移温度が報告（2014年）され，超伝導研究はさらなる展開をみせている．

付録 A 数学公式

偏微分や積分公式など，本文を読むために必要となる数学公式についてまとめる．

A.1 偏微分

変数 x と y の関数 $f(x,y)$ を考える．x に関する偏微分および y に関する偏微分を，それぞれ次の式で定義する．

$$\frac{\partial f}{\partial x} = \lim_{h \to 0} \frac{f(x+h, y) - f(x, y)}{h} \tag{A.1}$$

$$\frac{\partial f}{\partial y} = \lim_{h \to 0} \frac{f(x, y+h) - f(x, y)}{h} \tag{A.2}$$

偏微分の計算においては，他の変数をあたかも定数であるかのように考えて，微分を行えばよい．偏微分の記号として，$\frac{\partial f(x,y)}{\partial x} = f_x(x,y)$ や $\frac{\partial f(x,y)}{\partial y} = f_y(x,y)$ を用いることもある．

例 A.1 （偏微分） $f(x,y) = x\exp(-xy^2)$ のとき

$$\frac{\partial f}{\partial x} = \exp(-xy^2) - xy^2 \exp(-xy^2)$$

$$\frac{\partial f}{\partial y} = -2x^2 y \exp(-xy^2)$$

関数 $f(x,y)$ について，$\frac{\partial f}{\partial x}$ と $\frac{\partial f}{\partial y}$ が与えられたとき，関数 $f(x,y)$ を求めることができる．

例 A.2 （偏微分から関数を求める） 関数 $f(x,y)$ が，$\frac{\partial f}{\partial x} = 2xy$, $\frac{\partial f}{\partial y} = x^2 + \sin y$, $f(0,0) = -1$ をみたすとき，関数 $f(x,y)$ を求めよう．まず，最初の式を x について積分すると

$$f(x,y) = x^2 y + g(y) \tag{A.3}$$

ここで $g(y)$ は y のみの関数である.定数ではないことに注意しよう.この式を y で偏微分すると

$$\frac{\partial f}{\partial y} = x^2 + g'(y) \tag{A.4}$$

よって,$\frac{\partial f}{\partial y} = x^2 + \sin y$ より

$$g'(y) = \sin y \tag{A.5}$$

y について積分して,$g(y) = -\cos y + \text{const.}$ を得る.$f(0,0) = -1$ より,$\text{const.} = 0$ であることがわかる.ゆえに,$f(x,y) = x^2 y - \cos y$.

A.2 線積分

変数 x の関数 $y = f(x)$ の,区間 $a \leq x \leq b$ での積分は

$$\int_a^b \mathrm{d}x f(x) \tag{A.6}$$

である.この積分は,x 軸上の経路に沿った積分とみなすことができる.

この積分を一般の経路に拡張しよう.変数 x と y の関数 $f(x,y)$,$g(x,y)$ について,図 **A.1** に示した x-y 平面上の経路 C にそった積分

$$I = \int_C [f(x,y)\mathrm{d}x + g(x,y)\mathrm{d}y] \tag{A.7}$$

を定義することができる.この積分を**線積分**とよぶ.I は式 (A.6) の積分を x-y 平面上の任意の経路に拡張したものとみなすことができる.

線積分 I は,一般に 1 次元の積分に帰着させることができる.経路 C を 2 点 A, B を結ぶ経路とし,A, B の座標をそれぞれ (a_x, a_y),(b_x, b_y) とおく.区間 $0 \leq t \leq 1$

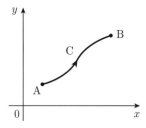

図 **A.1** 2 点 A, B を結ぶ経路 C

で定義された t の関数 $p(t)$ と $q(t)$ を用いて，経路 C 上の点を $(p(t), q(t))$ と表す．$t=0$ と $t=1$ がそれぞれ A, B に対応すると仮定すれば，

$$p(0) = a_x, \qquad p(1) = b_x \tag{A.8}$$

$$q(0) = a_y, \qquad q(1) = b_y \tag{A.9}$$

である．このとき，$dx = \frac{dp}{dt}dt$, $dy = \frac{dq}{dt}dt$ だから，

$$I = \int_0^1 dt \left[f(p(t), q(t)) \frac{dp}{dt} + g(p(t), q(t)) \frac{dq}{dt} \right] \tag{A.10}$$

よって，t についての積分となる．

例 A.3（線積分）原点と点 A(1,1) を結ぶ経路 C を考える．経路 C にそって，線積分

$$I = \int_C (ydx + xdy) \tag{A.11}$$

を計算してみよう．$0 \leq t \leq 1$ として，C 上の点は $x = t$, $y = t$ とおけるから，$dx = dy = dt$ である．よって，

$$I = \int_0^1 (tdt + tdt) = 2\int_0^1 dt\, t = 1 \tag{A.12}$$

A.3 全微分

変数 x と y の関数 $f(x, y)$ において，x と y をそれぞれ $x + dx$, $y + dy$ に変化させる．このときの $f(x, y)$ の変化分 df は

$$df = f(x + dx, y + dy) - f(x, y) = \frac{\partial f}{\partial x}dx + \frac{\partial f}{\partial y}dy \tag{A.13}$$

この df を**全微分**とよぶ．

df は dx と dy について，1 次の無限小量となっている．一般に，無限小量 dx と dy からなる 1 次の無限小量

$$A(x, y)dx + B(x, y)dy \tag{A.14}$$

を考える．この 1 次の無限小量が全微分のとき，ある関数 $f(x, y)$ が存在して

$$df = A(x, y)dx + B(x, y)dy \tag{A.15}$$

とおける．このとき

$$A(x,y) = \frac{\partial f}{\partial x}, \qquad B(x,y) = \frac{\partial f}{\partial y} \tag{A.16}$$

であることがわかる．一方，偏微分について一般に

$$\frac{\partial}{\partial y}\frac{\partial f}{\partial x} = \frac{\partial}{\partial x}\frac{\partial f}{\partial y} \tag{A.17}$$

が成り立つから，式 (A.16) を代入して

$$\frac{\partial A}{\partial y} = \frac{\partial B}{\partial x} \tag{A.18}$$

が成り立つことがわかる．すなわち，式 (A.14) が全微分ならば，式 (A.18) が成り立つ．式 (A.18) が成り立たない場合，式 (A.14) を**不完全微分**とよび，x と y の関数 $g(x,y)$ を用いて，

$$d'g = A(x,y)dx + B(x,y)dy \tag{A.19}$$

と書く．

> **例題 A.1**　（全微分と不完全微分）　次の各場合について，式 (A.14) が全微分か不完全微分かを述べよ．
> (1)　$A = x, \ B = y$
> (2)　$A = y, \ B = x$
> (3)　$A = y, \ B = 1$

[解]
(1)　式 (A.18) が成り立つから全微分．
(2)　式 (A.18) が成り立つから全微分．
(3)　式 (A.18) が成り立たないから不完全微分．　　　□

式 (A.14) が不完全微分の場合に，なんらかの関数をかけることで完全微分にできる場合がある．

$$ydx + dy \tag{A.20}$$

は不完全微分だが，関数 $K(x)$ をかけて

$$K(x)ydx + K(x)dy \tag{A.21}$$

を考えよう．式 (A.18) の条件を書くと

$$\frac{\partial}{\partial y}[K(x)y] = \frac{\partial}{\partial x}K(x) \tag{A.22}$$

この式より，$K'(x) = K(x)$．よって，$K(x) = \exp(x)$ とおくと，式 (A.21) は全微分となる．ここで導入した関数 K を**積分因子**とよぶ．

一般的な場合を考えよう．式 (A.14) が不完全微分の場合に，関数 $K(x,y)$ をかけて全微分にすることを考える．式 (A.18) より，

$$\frac{\partial}{\partial y}(KA) = \frac{\partial}{\partial x}(KB) \tag{A.23}$$

をみたす $K(x,y)$ を求めればよい．偏微分を計算して整理すると，

$$AK_y - BK_x = (B_x - A_y) K \tag{A.24}$$

次のような場合には，式 (A.24) をみたす $K(x,y)$ を簡単に求められる．

(1) $\frac{B_x - A_y}{B}$ が x のみの関数のとき
$K = K(x)$ とおくと，式 (A.24) より

$$K_x = -\frac{B_x - A_y}{B} K \tag{A.25}$$

ここで右辺は x のみの関数だから，両辺を K で割って x について積分して

$$K = \exp\left(-\int \mathrm{d}x \frac{B_x - A_y}{B}\right) \tag{A.26}$$

(2) $\frac{B_x - A_y}{A}$ が y のみの関数のとき
$K = K(y)$ とおくと，式 (A.24) より

$$K_y = \frac{B_x - A_y}{A} K \tag{A.27}$$

ここで右辺は y のみの関数だから，両辺を K で割って y について積分して

$$K = \exp\left(\int \mathrm{d}y \frac{B_x - A_y}{A}\right) \tag{A.28}$$

さて，式 (A.14) が全微分ならば，式 (A.18) が成り立つことをすでに述べた．この逆も成り立つ．このことを証明するために，準備として次のグリーンの公式を証明しよう．

$$\oint_C [A(x,y)\mathrm{d}x + B(x,y)\mathrm{d}y] = \iint_S \mathrm{d}x\mathrm{d}y \left(\frac{\partial B}{\partial x} - \frac{\partial A}{\partial y}\right) \tag{A.29}$$

ここで，左辺は閉じた経路 C にそった線積分で，右辺は経路 C で囲まれた領域 S における 2 次元積分である．線積分は，図 **A.2** に示したように反時計回りに行う．

右辺から左辺が得られることを示して，グリーンの公式を証明しよう．図 **A.3** に示したように，領域 S が，$a \leq x \leq b$ において，2 つの関数 $y_\mathrm{u}(x)$ と $y_\mathrm{l}(x)$ で上下で囲まれているとする．このとき，

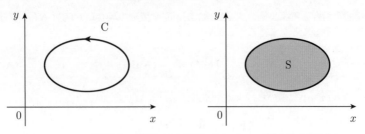

図 **A.2** x-y 平面上の経路 C と経路 C によって囲まれる領域 S

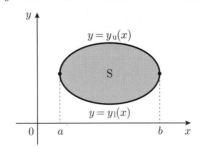

図 **A.3** 領域 S を上下で囲む 2 つの関数

$$\iint_S \mathrm{d}x\mathrm{d}y \left(-\frac{\partial A}{\partial y}\right) = \int_a^b \mathrm{d}x \int_{y_l(x)}^{y_u(x)} \mathrm{d}y \left(-\frac{\partial A}{\partial y}\right)$$
$$= \int_a^b \mathrm{d}x \left[-A\left(x, y_u(x)\right) + A\left(x, y_l(x)\right)\right]$$
$$= \oint_C A(x,y) \mathrm{d}x$$

同様に,領域 S を左右から囲む関数を考えて,

$$\iint_S \mathrm{d}x\mathrm{d}y \frac{\partial B}{\partial x} = \oint_C B(x,y) \mathrm{d}y \tag{A.30}$$

が示せる.これらの結果より,式 (A.29) が成り立つ.

例題 A.2 (グリーンの公式) グリーンの公式 (A.29) において,$A = -\frac{y}{2}$,$B = \frac{x}{2}$ とおくと,左辺の線積分を計算することで領域 S の面積が求められることがわかる.具体的に,C として楕円の周を考えて確かめよ.

[**解**] 楕円の式を,$a > 0$, $b > 0$ として $\frac{x^2}{a^2} + \frac{y^2}{b^2} = 1$ とする.$x = a\cos t$,$y = b\sin t$ とおくと $\mathrm{d}x = -a\sin t$,$\mathrm{d}y = b\cos t$.よって,

A.3 全微分　　　　　　　　　　　　　　　　147

$$\frac{1}{2}\oint_C (x\mathrm{d}y - y\mathrm{d}x) = \frac{1}{2}\int_0^{2\pi} \mathrm{d}t ab = \pi ab \tag{A.31}$$

ゆえに楕円の面積が得られる. □

グリーンの公式を示したので，式 (A.18) が成り立つならば式 (A.14) が全微分となることの証明に戻ろう．式 (A.18) が成り立つならば，式 (A.29) より，任意の閉じた経路 C について，次式が成り立つ．

$$\oint_C [A(x,y)\mathrm{d}x + B(x,y)\mathrm{d}y] = 0 \tag{A.32}$$

定点 (a,b) と任意の点 (x,y) を結ぶ 2 つの経路 C_1 と C_2 を考える．C_2 の逆向きの経路を $\overline{C_2}$ と書き，C が C_1 と $\overline{C_2}$ からなる場合を考えると

$$\oint_{C_1+\overline{C_2}} [A(x,y)\mathrm{d}x + B(x,y)\mathrm{d}y] = 0 \tag{A.33}$$

この式より，

$$\int_{C_1} [A(x,y)\mathrm{d}x + B(x,y)\mathrm{d}y] = \int_{C_2} [A(x,y)\mathrm{d}x + B(x,y)\mathrm{d}y] \tag{A.34}$$

が成り立つことがわかる．経路 C_1 と C_2 として任意の経路を選ぶことができるから，定点 (a,b) と任意の点 (x,y) を結ぶ任意の経路を C として，

$$f(x,y) = \int_C [A(x,y)\mathrm{d}x + B(x,y)\mathrm{d}y] \tag{A.35}$$

とおける．すなわち，右辺は x と y の関数であり経路 C に依存しない．

経路として $(a,b) \to (x,y) \to (x+\mathrm{d}x, y+\mathrm{d}y) \to (a,b)$ の閉経路を考えると

$$\int_{(a,b)\to(x,y)} [A(x,y)\mathrm{d}x + B(x,y)\mathrm{d}y]$$
$$+ \int_{(x,y)\to(x+\mathrm{d}x,y+\mathrm{d}y)} [A(x,y)\mathrm{d}x + B(x,y)\mathrm{d}y]$$
$$+ \int_{(x+\mathrm{d}x,y+\mathrm{d}y)\to(a,b)} [A(x,y)\mathrm{d}x + B(x,y)\mathrm{d}y] = 0$$

式 (A.35) を用いると

$$f(x+\mathrm{d}x, y+\mathrm{d}y) - f(x,y) = \int_{(x,y)\to(x+\mathrm{d}x,y+\mathrm{d}y)} [A(x,y)\mathrm{d}x + B(x,y)\mathrm{d}y]$$
$$= A(x,y)\mathrm{d}x + B(x,y)\mathrm{d}y$$

ゆえに,
$$\mathrm{d}f = A\mathrm{d}x + B\mathrm{d}y \tag{A.36}$$

が成り立つ. すなわち, 式 (A.14) が全微分となる.

A.4 積分公式

$a > 0$ のとき, 次の公式が成り立つ.

$$\int_{-\infty}^{\infty} \mathrm{d}x \exp(-ax^2) = \sqrt{\frac{\pi}{a}} \tag{A.37}$$

この公式は以下のようにして示すことができる.

$$\left[\int_{-\infty}^{\infty} \mathrm{d}x \exp(-ax^2)\right]^2 = \int_{-\infty}^{\infty} \mathrm{d}x \int_{-\infty}^{\infty} \mathrm{d}y \exp(-a(x^2+y^2))$$
$$= 2\pi \int_0^{\infty} \mathrm{d}r\, r \exp(-ar^2) = 2\pi \left[-\frac{1}{2a}\exp(-ar^2)\right]_0^{\infty}$$
$$= \frac{\pi}{a}$$

2 行目では, 2 次元の極座標を用いている. 平方根をとって, 式 (A.37) を得る.

式 (A.37) を a で微分することにより, 以下の公式が得られる.

$$\int_{-\infty}^{\infty} \mathrm{d}x\, x^2 \exp(-ax^2) = \frac{1}{2a}\pi^{\frac{1}{2}}a^{-\frac{1}{2}} = \frac{1}{2}\pi^{\frac{1}{2}}a^{-\frac{3}{2}} \tag{A.38}$$

$$\int_{-\infty}^{\infty} \mathrm{d}x\, x^4 \exp(-ax^2) = \frac{3}{4a^2}\pi^{\frac{1}{2}}a^{-\frac{1}{2}} = \frac{3}{4}\pi^{\frac{1}{2}}a^{-\frac{5}{2}} \tag{A.39}$$

A.4.1 Γ 関数

Γ 関数を次式で定義する.

$$\Gamma(x) = \int_0^{\infty} \mathrm{d}t\, t^{x-1} \mathrm{e}^{-t} \tag{A.40}$$

ただし, $x > 0$ である. n を自然数とすると, $\Gamma(n+1) = n!$ である. Γ 関数は階乗を連続変数に拡張したものとみなせる.

例題 A.3 （**Γ 関数**） $\Gamma(x+1) = x\Gamma(x)$ を示し, n が自然数のとき, $\Gamma(n+1) = n!$ となることを示せ.

[**解**] 部分積分により

$$\Gamma(x+1) = \int_0^\infty \mathrm{d}t\, t^x \mathrm{e}^{-t} = [-t^x \mathrm{e}^{-t}]_0^\infty + \int_0^\infty \mathrm{d}t\, x t^{x-1} \mathrm{e}^{-t}$$
$$= x\Gamma(x)$$

よって, $\Gamma(x+1) = x\Gamma(x)$ が成り立つ. 一方,

$$\Gamma(1) = \int_0^\infty \mathrm{d}t\, \mathrm{e}^{-t} = 1 \tag{A.41}$$

だから, n が自然数のとき $\Gamma(n+1) = n\Gamma(n) = n(n-1)\Gamma(n-2) = \cdots = n!$. □

次の関数を**ベータ関数**とよぶ.

$$B(x,y) = 2\int_0^{\frac{\pi}{2}} \mathrm{d}\theta\, \sin^{2x-1}\theta \cos^{2y-1}\theta \tag{A.42}$$

演習 A.2 で示すように, 次の公式が成り立つ.

$$B(x,y) = \frac{\Gamma(x)\Gamma(y)}{\Gamma(x+y)} \tag{A.43}$$

A.4.2 ζ 関数

ζ 関数は, 次式で定義される.

$$\zeta(s) = \sum_{n=1}^\infty \frac{1}{n^s} \tag{A.44}$$

ただし, $s > 1$ である. $s = 2, 4$ など s が偶数の場合には, $\zeta(s)$ の値は厳密に計算できる. 例えば, $\zeta(2) = \frac{\pi^2}{6}$, $\zeta(4) = \frac{\pi^4}{90}$ である.

ζ 関数と Γ 関数について, 次の公式が成り立つ.

$$\int_0^\infty \mathrm{d}x\, \frac{x^{s-1}}{\mathrm{e}^x - 1} = \Gamma(s)\zeta(s) \tag{A.45}$$

この公式は, $a < 1$ のときに成り立つ展開式 $\frac{1}{1-a} = 1 + a + a^2 + a^3 + \cdots$ を用いて, 以下のように左辺を計算することで示せる.

$$\int_0^\infty \mathrm{d}x\, \frac{x^{s-1}}{\mathrm{e}^x - 1} = \int_0^\infty \mathrm{d}x\, x^{s-1} \mathrm{e}^{-x} \left(1 + \mathrm{e}^{-x} + \mathrm{e}^{-2x} + \cdots\right)$$
$$= \int_0^\infty \mathrm{d}x\, x^{s-1} \sum_{n=1}^\infty \mathrm{e}^{-nx} = \sum_{n=1}^\infty \frac{1}{n^s} \int_0^\infty \mathrm{d}\xi\, \xi^{s-1} \mathrm{e}^{-\xi}$$
$$= \Gamma(s)\zeta(s)$$

A.5 スターリングの公式

$N \gg 1$ のとき，次の**スターリングの公式**が成り立つ．

$$\log N! \simeq N \log N - N \tag{A.46}$$

より正確な近似式は

$$\log N! \simeq N \log N - N + \frac{1}{2} \log (2\pi N) \tag{A.47}$$

である．**表 A.1** に $N = 10, 100, 1000, 10^6$ のときの正確な値と近似式の値を比較したものを示す．

表 A.1 $\log N!$ の正確な値とスターリングの公式により求めた値の比較

N	$\log N!$	$N \log N - N$	$N \log N - N + \frac{1}{2} \log(2\pi N)$
10	15.1044	13.0259	15.0961
100	363.739	360.517	363.739
1000	5912.13	5907.76	5912.13
10^6	1.28155×10^7	1.28155×10^7	1.28155×10^7

式 (A.46) は，**図 A.4** に示したように $y = \log x$ と x 軸で囲まれた面積を考えればよい．

$$I = \int_1^N dx \log x = N \log N - N + 1 \tag{A.48}$$

とおくと，**図 A.4** の左図では，短冊の面積を足し合わせた面積が I より大きく，**図 A.4** の右図では，短冊の面積を足し合わせた面積が I より小さい．よって，

$$\sum_{n=2}^{N-1} \log n \leq I \leq \sum_{n=2}^{N} \log n \tag{A.49}$$

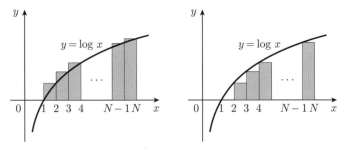

図 A.4 関数 $y = \log x$ の短冊による近似

$\sum_{n=2}^{N} \log n = \log N!$ だから，この不等式より

$$N \log N - N + 1 \leq \log N! \leq (N+1) \log N - N + 1 \tag{A.50}$$

$N \log N - N$ で割ると

$$1 + \frac{1}{N \log N - N} \leq \frac{\log N!}{N \log N - N} \leq 1 + \frac{\log N + 1}{N \log N - N} \tag{A.51}$$

ゆえに，$N \gg 1$ のとき

$$\frac{\log N!}{N \log N - N} \simeq 1 \tag{A.52}$$

すなわち式 (A.46) が成り立つ．

式 (A.47) の証明には，**鞍点法**を用いる．$N!$ は Γ 関数により表せて

$$N! = \Gamma(N+1) = \int_0^\infty \mathrm{d}x\, x^N \mathrm{e}^{-x} = \int_0^\infty \mathrm{d}x \exp(-f(x)) \tag{A.53}$$

ここで，$f(x) = x - N - \log x$ である．$f(x)$ は $x = N$ に最小値をもつ．その結果，実際にプロットしてみるとわかるように $\exp(-f(x))$ は $x = N$ に鋭いピークをもつ．よって，$x = N$ 近傍で関数 $f(x)$ を近似して計算すると，

$$\begin{aligned}
\int_0^\infty \mathrm{d}x \exp(-f(x)) &\simeq \int_0^\infty \mathrm{d}x \exp\left(-N + N \log N - \frac{1}{2N}(x-N)^2\right) \\
&\simeq N^N \mathrm{e}^{-N} \int_{-\infty}^\infty \mathrm{d}y \exp\left(-\frac{1}{2N} y^2\right) \\
&= \sqrt{2\pi N} N^N \mathrm{e}^{-N}
\end{aligned}$$

この結果の対数をとれば，式 (A.47) が成り立つことがわかる．

A.6 ランダウの記号

数のオーダーを表すのに便利な記号として，**ランダウの記号**がある．

$$\lim_{x \to \infty} \frac{f(x)}{x^n} = \mathrm{const.} \tag{A.54}$$

のとき，

$$f(x) = O(x^n) \tag{A.55}$$

と書く．例えば，$f(x) = x + 2x^3$ のとき，$f(x) = O(x^3)$ である．ランダウの記号は数が小さい場合にも同様に用いられる．

ラグランジュの未定乗数法

この節では，拘束条件がある場合の極値問題で有用なラグランジュの未定乗数法について述べる．

例として，$g(x,y) = x^2+2y^2-4 = 0$ という拘束条件があるとき，$f(x,y) = x^2+y^2$ の極値を求める問題を考えてみよう．まず，初等的に解く．拘束条件をみたすように，$x = 2\cos\theta,\ y = \sqrt{2}\sin\theta$ とおく．θ の範囲は，$0 \leq \theta < 2\pi$ である．f の表式に代入すると，$f = 2\cos^2\theta + 2$ となるから，最大値が 4，最小値が 2 であることがわかる．

ラグランジュの未定乗数法では，まず

$$f_\lambda(x,y) = f(x,y) + \lambda g(x,y) \tag{A.56}$$

を定義する．ここで導入した定数 λ を，**ラグランジュ乗数**とよぶ．そして，

$$\frac{\partial f_\lambda}{\partial x} = 0, \qquad \frac{\partial f_\lambda}{\partial y} = 0 \tag{A.57}$$

を解く．上の例では，$f_\lambda(x,y)$ は

$$f_\lambda(x,y) = x^2 + y^2 + \lambda(x^2 + 2y^2 - 4) \tag{A.58}$$

となる．条件 (A.57) より

$$\frac{\partial f_\lambda}{\partial x} = 2x + 2\lambda x = 0 \tag{A.59}$$

$$\frac{\partial f_\lambda}{\partial y} = 2y + 4\lambda y = 0 \tag{A.60}$$

この 2 式より，$\lambda = -1, -\frac{1}{2}$ となるから，

$$f_{-1}(x,y) = -y^2 + 4 \leq 4 \tag{A.61}$$

より最大値 4，

$$f_{-\frac{1}{2}}(x,y) = \frac{1}{2}x^2 + 2 \geq 2 \tag{A.62}$$

より最小値 2 となる．2 変数の場合には，わざわざラグランジュの未定乗数法を用いるまでもないが，3 変数以上の多変数になると，初等的な方法で解くことが困難になる．

一般に，変数が $x_1, x_2, ..., x_n$，拘束条件が $j = 1, 2, ..., m$ として

$$g_j(x_1, x_2, ..., x_n) = 0 \tag{A.63}$$

の場合を考えよう．つまり，変数が n 個，拘束条件が m 個の場合である．ただし，$m < n$ とする．このとき，関数 $f(x_1, x_2, ..., x_n)$ の極値を求めたい．ラグランジュの未定乗数法では，2 変数の場合と同様に

$$f_\lambda(\boldsymbol{x}) = f(\boldsymbol{x}) + \sum_{j=1}^{m} \lambda_j g_j(\boldsymbol{x}) \tag{A.64}$$

A.7 ラグランジュの未定乗数法

を定義する.ここで,$\boldsymbol{x}=(x_1,x_2,...,x_n)$ である.拘束条件が m 個あるから,ラグランジュ乗数も m 個ある.$f(\boldsymbol{x})$ の極値は,$k=1,2,...,n$ として

$$\frac{\partial}{\partial x_k}f_\lambda(\boldsymbol{x})=0 \tag{A.65}$$

を解くことで求められる.

このラグランジュの未定乗数法は,以下のようにして示せる.まず,拘束条件 (A.63) をみたすように,$\boldsymbol{x}$ を $\boldsymbol{x}+\mathrm{d}\boldsymbol{x}$ に変化させたとする.$g_j(\boldsymbol{x}+\mathrm{d}\boldsymbol{x})=0$ と $g_j(\boldsymbol{x})=0$ が成り立つから,

$$\nabla g_j(\boldsymbol{x})\cdot \mathrm{d}\boldsymbol{x}=0 \tag{A.66}$$

ただし,

$$\nabla g_j(\boldsymbol{x})=\left(\frac{\partial g_j}{\partial x_1},\frac{\partial g_j}{\partial x_2},...,\frac{\partial g_j}{\partial x_n}\right) \tag{A.67}$$

である.一方,

$$\mathrm{d}f=f(\boldsymbol{x}+\mathrm{d}\boldsymbol{x})-f(\boldsymbol{x})=\nabla f\cdot \mathrm{d}\boldsymbol{x} \tag{A.68}$$

ここで

$$\nabla f=\boldsymbol{y}-\sum_{j=1}^{m}\lambda_j\nabla g_j \tag{A.69}$$

とおくと,式 (A.66) を用いて

$$\mathrm{d}f=\boldsymbol{y}\cdot \mathrm{d}\boldsymbol{x}-\sum_{j=1}^{m}\lambda_j\nabla g_j\cdot \mathrm{d}\boldsymbol{x}=\boldsymbol{y}\cdot \mathrm{d}\boldsymbol{x} \tag{A.70}$$

となる.極値の条件 $\mathrm{d}f=0$ より $\boldsymbol{y}=0$,すなわち,

$$\nabla\left(f+\sum_{j=1}^{m}\lambda_j g_j\right)=0 \tag{A.71}$$

であるから,式 (A.65) を解けばよいことになる.

例題 A.4 (ラグランジュの未定乗数法) 拘束条件 $g(x,y,z)=x^2+2y^2+3z^2-1=0$ のもとで,$f(x,y,z)=x^2+y^2+z^2$ の極値を求めよ.

[解]

$$f_\lambda(x,y,z)=x^2+y^2+z^2+\lambda\left(x^2+2y^2+3z^2-1\right) \tag{A.72}$$

とおく.極値の条件,式 (A.65) より

$$\frac{\partial f_\lambda}{\partial x}=2(1+\lambda)x=0$$

$$\frac{\partial f_\lambda}{\partial y} = 2(1+2\lambda)y = 0$$

$$\frac{\partial f_\lambda}{\partial z} = 2(1+3\lambda)z = 0$$

これらを解いて，

$$\lambda = -1, \qquad y = 0, \qquad z = 0 \tag{A.73}$$

または，

$$\lambda = -\frac{1}{2}, \qquad x = 0, \qquad z = 0 \tag{A.74}$$

または，

$$\lambda = -\frac{1}{3}, \qquad x = 0, \qquad y = 0 \tag{A.75}$$

それぞれの場合に，f の値を求めると $f = 1, \frac{1}{2}, \frac{1}{3}$．これらが f の極値である．

この結果の確認のために，図形的に考えてみる．$g(x,y,z) = 0$ の条件，$x^2 + 2y^2 + 3z^2 = 1$ は，楕円体を表す．一方，$f(x,y,z) = x^2 + y^2 + z^2$ は原点と点 (x,y,z) の距離の 2 乗である．したがって，$\frac{1}{3} \leq f \leq 1$ であることがわかる． □

付録 A 演習問題

演習 A.1 a, θ_0 を定数として，$x = a\cos\theta$, $y = a\sin\theta$, $0 \leq \theta \leq \theta_0$ で表される円弧にそった線積分

$$I = \int_C \sqrt{(\mathrm{d}x)^2 + (\mathrm{d}y)^2} \tag{A.76}$$

を求めよ．

演習 A.2 $\Gamma(x) = 2\int_0^\infty \mathrm{d}u\, u^{2x-1} \mathrm{e}^{-u^2}$ を示し，$\Gamma(\frac{1}{2}) = \sqrt{\pi}$ を示せ．また，公式 (A.43) を導出せよ．

付録 B

解析力学

　統計力学では，原子や分子など基本となる粒子の運動方程式が基礎となる．運動方程式において，一般には並進運動だけでなく，分子の回転など様々な自由度を記述する必要がある．これらの自由度に関する運動方程式を，ニュートンの運動方程式によって記述すると，自由度によって異なる微分方程式を考えなければならない．このような自由度ごとの運動方程式の違いをあらわに取り入れて，統計力学の一般的な体系を構築することは甚だ煩雑である．そこで，自由度の性質によらない，普遍的な形式で運動方程式を記述することが求められる．このような力学の形式が解析力学である．この付録では，解析力学について簡単にまとめる．

B.1 最小作用の原理

　力学における運動方程式として最初に学ぶのは，ニュートンの運動方程式 $F=ma$ である．♣1 1次元の空間座標 q を用いて記述される粒子の運動を考えよう．ポテンシャル $V(q)$ 中を運動する質量 m の質点の運動は，次のニュートンの運動方程式に従う．

$$m\frac{\mathrm{d}^2 q}{\mathrm{d}t^2} = -\frac{\mathrm{d}V(q)}{\mathrm{d}q} \tag{B.1}$$

ニュートンの運動方程式に慣れ親しんだ目でみると，この方程式は常識のように思える．しかし，このニュートンの運動方程式の出所は何かと問われると，途端にわからなくなる．ニュートンの運動方程式を何らかの原理から導くことはできるであろうか．その問に答えるのが，**最小作用の原理**である．

　力学における最小作用の原理を説明する前に，光が進む経路における最小作用の原理，**フェルマーの原理**をみておこう．図 **B.1** の左図のように，屈折率が n_1, n_2 である2つの媒質中を進む光を考える．点 A を通った光が点 B に到達すると仮定する．このとき，光は2つの媒質の境界上のどの点を通るであろうか．

　「光が進む経路は，その経路を光が進むために要する時間が最小となる経路である」というのがフェルマーの原理である．光が通る点を P として，$H_1 P = x$ とおく．真空中の光速を c とすると，屈折率が n の媒質中での光速は $\frac{c}{n}$ である．A, B から境界面へ下ろした垂線の足をそれぞれ H_1, H_2 として，$H_1 H_2 = \ell$ とおく．A, B が定点だ

♣1 m が質点の質量，a が質点の加速度，F は質点に働く力である．

から，ℓ は定数である．光が AB 間を進むために要する時間 t は，次式で与えられる．

$$t = \frac{\text{AP}}{\frac{c}{n_1}} + \frac{\text{BP}}{\frac{c}{n_2}} = \frac{n_1}{c}\sqrt{\text{AH}_1^2 + x^2} + \frac{n_2}{c}\sqrt{\text{BH}_2^2 + (\ell - x)^2} \tag{B.2}$$

t を最小にする x は，$\frac{dt}{dx} = 0$ より

$$\frac{n_1}{c}\frac{\text{H}_1\text{P}}{\text{AP}} = \frac{n_2}{c}\frac{\text{H}_2\text{P}}{\text{BP}} \tag{B.3}$$

図 **B.1** の右図の θ_1, θ_2 を用いると，光の屈折の法則である**スネルの法則** $n_1 \sin\theta_1 = n_2 \sin\theta_2$ が得られる．

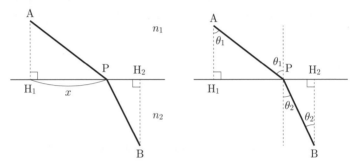

図 B.1 光が進む経路 APB と，光の入射角 θ_1 および屈折角 θ_2

B.2 ラグランジアンとハミルトニアン

光のフェルマーの原理に相当する，力学での最小作用の原理は**モーペルテュイの原理**である．ニュートンの運動方程式 (B.1) がモーペルテュイの原理から導出される．q の時間微分を $\dot{q}$ で表すと，質点の運動量は $p = m\dot{q}$ である．質点の座標が，時間 $t = t_1$ で $q = q_1$，$t = t_2$ で $q = q_2$ であるとして，それぞれ図 **B.2** に示した点 A，点 B で表す．この 2 点間を質点が進む経路 $q = q(t)$ は，位相空間で軌道と q 軸が囲む面積

$$\int_{t_1}^{t_2} dt\, p\dot{q} = \int_{q_1}^{q_2} dq\, p \tag{B.4}$$

を最小化するように定まる．これがモーペルテュイの原理である．式 (B.4) は図 **B.2** のグレー部分の面積であり，この面積が最小となるように質点の経路が定まる．ただし，エネルギー

$$\frac{1}{2}m\dot{q}^2 + V(q) \tag{B.5}$$

は一定とする．この条件は拘束条件であるから，拘束条件下での極値問題を考えることになる．そこで，付録 A.7 で説明したラグランジュの未定乗数法を用いる．λ をラ

グランジュ乗数として，式 (B.4) の代わりに

$$S = \int_{t_1}^{t_2} \mathrm{d}t \left[m\dot{q}^2 - \lambda \left(\frac{1}{2} m\dot{q}^2 + V \right) \right] \tag{B.6}$$

が最小となる条件を調べればよい．ただし，$p = m\dot{q}$ の関係を用いた．

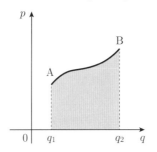

図 B.2 p-q 平面において，質点が進む経路．
グレー部分は経路と q 軸で囲まれる面積．

さて，S が最小となる条件を調べるのだが，変化するのは t の関数 $q = q(t)$ である．$q = q(t)$ を $\delta q(t)$ だけ変化させることを考える．端点 A，B は固定されているとして，$\delta q(t_1) = 0$，$\delta q(t_2) = 0$ とする．S の変化分を δS と書くと

$$\begin{aligned}
\delta S &= \int_{t_1}^{t_2} \mathrm{d}t \left\{ m \left(\dot{q} + \frac{\mathrm{d}\delta q}{\mathrm{d}t} \right)^2 - \lambda \left[\frac{1}{2} m \left(\dot{q} + \frac{\mathrm{d}\delta q}{\mathrm{d}t} \right)^2 + V(q + \delta q) \right] \right\} \\
&\quad - \int_{t_1}^{t_2} \mathrm{d}t \left\{ m\dot{q}^2 - \lambda \left[\frac{1}{2} m\dot{q}^2 + V(q) \right] \right\} \\
&= \int_{t_1}^{t_2} \mathrm{d}t \left[(2-\lambda) m\dot{q} \frac{\mathrm{d}(\delta q)}{\mathrm{d}t} - \lambda \frac{\mathrm{d}V}{\mathrm{d}q} \delta q \right] + O\left((\delta q)^2\right) \\
&= \int_{t_1}^{t_2} \mathrm{d}t\, \delta q \left[-(2-\lambda) m \frac{\mathrm{d}^2 q}{\mathrm{d}t^2} - \lambda \frac{\mathrm{d}V}{\mathrm{d}q} \right] + O\left((\delta q)^2\right)
\end{aligned} \tag{B.7}$$

最後の等号では，部分積分を行い，$\delta q(t_1) = 0$，$\delta q(t_2) = 0$ を用いた．$\delta S = 0$ より，

$$(2-\lambda) m \frac{\mathrm{d}^2 q}{\mathrm{d}t^2} + \lambda \frac{\mathrm{d}V}{\mathrm{d}q} = 0 \tag{B.8}$$

両辺を λ で割って，$\dot{q}$ をかけ，時間について積分すると

$$\frac{1}{2} \left(\frac{2-\lambda}{\lambda} \right) m \left(\frac{\mathrm{d}q}{\mathrm{d}t} \right)^2 + V = \mathrm{const.} \tag{B.9}$$

この式と条件 (B.5) より，ラグランジュ乗数は $\lambda = 1$ となる．結局，

付録B 解析力学

$$S = \int_{t_1}^{t_2} dt \left[m\dot{q}^2 - \left(\frac{1}{2}m\dot{q}^2 + V \right) \right] = \int_{t_1}^{t_2} dt L(q, \dot{q}) \tag{B.10}$$

を最小化するということになる．ここで L を**ラグランジアン**とよび，

$$L(q, \dot{q}) = \frac{1}{2}m\dot{q}^2 - V(q) \tag{B.11}$$

で定義される．ラグランジアンは運動エネルギーとポテンシャルエネルギーの差で与えられることに注意しよう．また，式 (B.10) で与えられる S を**作用積分**とよぶ．

L を用いると，$\delta S = 0$ より運動方程式として

$$\frac{d}{dt}\left(\frac{\partial L}{\partial \dot{q}}\right) - \frac{\partial L}{\partial q} = 0 \tag{B.12}$$

が得られる．式 (B.12) を**ラグランジュの運動方程式**とよぶ．

例題 B.1 （ラグランジュの運動方程式の導出） 式 (B.12) を導出せよ．

[**解**] 式 (B.10) において，$q(t)$ を $q(t) + \delta q(t)$ で置き換えたときの変化分を δS とすると

$$\begin{aligned}
\delta S &= \int_{t_1}^{t_2} dt \left[L\left(q + \delta q, \dot{q} + \frac{d\delta q}{dt}\right) - L(q, \dot{q}) \right] \\
&= \int_{t_1}^{t_2} dt \left(\frac{\partial L}{\partial q}\delta q + \frac{\partial L}{\partial \dot{q}}\frac{d\delta q}{dt} \right) + O\left((\delta q)^2\right) \\
&= \int_{t_1}^{t_2} dt \left[\frac{\partial L}{\partial q} - \frac{d}{dt}\left(\frac{\partial L}{\partial \dot{q}}\right) \right] \delta q + O\left((\delta q)^2\right)
\end{aligned} \tag{B.13}$$

ここで3番目の等号では部分積分を行い，$\delta q(t_1) = 0$, $\delta q(t_2) = 0$ を用いた．$O\left((\delta q)^2\right)$ を無視すれば，$\delta S = 0$ より，式 (B.12) を得る． □

ラグランジュの方程式は，**ハミルトニアン**

$$H(p, q) = p\dot{q} - L(q, \dot{q}) \tag{B.14}$$

を用いて，別の形式で書くことができる．ただし，

$$p = \frac{\partial L}{\partial \dot{q}} \tag{B.15}$$

である．p を座標 q に**共役**な運動量とよぶ．式 (B.14) を式 (B.10) に代入して，2つの関数 $q = q(t)$ と $p = p(t)$ を変化させるとみなすと

$$\delta S = \int_{t_1}^{t_2} dt \left[(p + \delta p)\left(\dot{q} + \frac{d\delta q}{dt}\right) - H(p + \delta p, q + \delta q) \right]$$

B.2 ラグランジアンとハミルトニアン

$$-\int_{t_1}^{t_2} dt \, [p\dot{q} - H(p,q)]$$
$$= \int_{t_1}^{t_2} dt \left[\left(-\dot{p} - \frac{\partial H}{\partial q} \right) \delta q + \left(\dot{q} - \frac{\partial H}{\partial p} \right) \delta p \right] \tag{B.16}$$

よって $\delta S = 0$ より

$$\dot{p} = -\frac{\partial H}{\partial q}, \qquad \dot{q} = \frac{\partial H}{\partial p} \tag{B.17}$$

が得られる．この運動方程式を**ハミルトンの運動方程式**とよぶ．

上の導出では q を座標としたが，角度など他の変数でもよい．そのような場合を含めて考えることにして，q を**一般化座標**とよぶ．解析力学での手順をまとめると，

(1) 一般化座標 q を用いて，ラグランジアン $L = L(q, \dot{q})$ を書く．
(2) 式 (B.15) より**一般化運動量** p を定義する．
(3) ハミルトニアン H を，式 (B.14) で定義する．
(4) ハミルトンの運動方程式 (B.17) によって，系の運動方程式を得る．

例題 B.2　(調和振動子)　質量 m，ばね定数 $k = m\omega^2$ の 1 次元調和振動子の運動方程式を考える．

$$m \frac{d^2 q}{dt^2} = -m\omega^2 q \tag{B.18}$$

q は平衡点からの変位である．
(1) この系のラグランジアンを書き，式 (B.12) から運動方程式 (B.18) が導出されることを確かめよ．
(2) この系のハミルトニアンを書き，式 (B.17) から式 (B.18) が導出されることを示せ．

[解]
(1) ラグランジアンは

$$L = \frac{1}{2} m \left(\frac{dq}{dt} \right)^2 - \frac{1}{2} m \omega^2 q^2 \tag{B.19}$$

また，$\frac{\partial L}{\partial \dot{q}} = m\dot{q}$ および $\frac{\partial L}{\partial q} = m\omega^2 q$ より，式 (B.12) から運動方程式 (B.18) が得られる．

(2) 一般化運動量は $p = \frac{\partial L}{\partial \dot{q}} = m\dot{q}$．よって，ハミルトニアンは

$$H = p\dot{q} - L = \frac{1}{2m} p^2 + \frac{1}{2} m \omega^2 q^2 \tag{B.20}$$

式 (B.18) より，$\frac{dp}{dt} = -\frac{\partial H}{\partial q} = -m\omega^2 q$, $\frac{dq}{dt} = \frac{\partial H}{\partial p} = \frac{p}{m}$．この 2 式より p を消去して，式 (B.18) を得る．　□

複数の一般化座標 $q_1, q_2, ..., q_M$ が存在する場合には，次のようになる．

(1) 一般化座標 $q_1, q_2, ..., q_M$ を用いて，ラグランジアン

$$L = L(q_1, q_2, ..., q_M, \dot{q}_1, \dot{q}_2, ..., \dot{q}_M) \tag{B.21}$$

を書く．

(2) 一般化座標 q_j に共役な一般化運動量 p_j を次式で定義する．

$$p_j = \frac{\partial L}{\partial \dot{q}_j} \tag{B.22}$$

(3) ハミルトニアン H を，次式で定義する．

$$H = \sum_{j=1}^{M} p_j \dot{q}_j - L \tag{B.23}$$

(4) 系の運動方程式はハミルトンの運動方程式

$$\dot{p}_j = -\frac{\partial H}{\partial q_j}, \qquad \dot{q}_j = \frac{\partial H}{\partial p_j} \tag{B.24}$$

で記述される．

付録 B 演習問題

演習 B.1 2つの質量 m の原子からなる2原子分子を考える．原子間の距離を ℓ とし，ℓ は定数とする．2つの原子を結ぶベクトルを，$\boldsymbol{e}_\ell = (\sin\theta\cos\phi, \sin\theta\sin\phi, \cos\theta)$ として，$\ell\boldsymbol{e}_\ell$ とおく．この2原子分子が3次元空間を自由に動き回るとすると，ハミルトニアンが次式で与えられることを示せ．

$$H = \frac{1}{4m}\boldsymbol{P}^2 + \frac{1}{m\ell^2}p_\theta^2 + \frac{1}{m\ell^2\sin^2\theta}p_\phi^2 \tag{B.25}$$

ここで，$\boldsymbol{P}$ は重心運動の運動量，p_θ は θ に共役な一般化運動量，p_ϕ は ϕ に共役な一般化運動量である．

付録 C

量子力学

本文の統計力学の部分では，量子力学の結果をいくつか用いている．この付録では，本文を理解するために必要な量子力学について簡単にまとめる．

C.1 光は粒子であり波である

壁に向かって野球のボールを投げると，変化球でも投げない限り，壁の後ろに回り込むといったことは起きない．古典力学では，原子や分子もこのボールのような物体，つまり粒子として考える．

一方，騒音を遮ろうとして，壁を置いたとしても意味がない．音が壁を回り込んで，耳に到達する．これは音が波としての性質をもつからである．

では，光は粒子であろうか，波であろうか．ニュートンは光は粒子であると考えたが，ヤングの干渉実験などにより，次第に光は波であると考えられるようになっていった．

ところが，金属表面に光をあてると電子が飛び出してくるという**光電効果**が 1887 年にヘルツらによって発見された．この光電効果を説明するためには，光は粒子であると考えないと説明できない．アインシュタインは，この光電効果を理論的に説明した業績により，1921 年にノーベル物理学賞を受賞している．

様々な周波数の光を金属表面にあて，光電効果により飛び出してくる電子のエネルギーを測定すると，図 **C.1** のような結果が得られる．横軸が光の振動数 ν で，縦軸は飛び出してくる電子のエネルギー E である．図のように E は ν の 1 次関数で表され，

$$E = h\nu - W \tag{C.1}$$

と書ける．傾きを表す $h = 6.6262 \times 10^{-34}$ J·s が**プランク定数**♣1 である．W は，電子が金属中に存在するときの束縛エネルギーである．電子のエネルギーは，真空中よりも金属中のほうが W だけエネルギーが低い．W は，金属によって異なる値をとる．

図 **C.1** の ν_c と W は光の強度によらない．また，$\nu > \nu_c$ 以上の振動数の光をあてると，電子は瞬時に飛び出す．これらは，光が粒子として振る舞うと考えないと説明できない．

♣1 ミリカンは 1916 年の論文で，光電効果の実験からプランク定数として，6.57×10^{-34} J·s の値を得た．

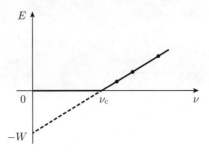

図 C.1 光電効果.
横軸は光の振動数, 縦軸は飛び出してくる電子のエネルギー.

> **例題 C.1** （光電効果とプランク定数） 銅を用いた光電効果の実験から, 図 C.1 の ν_c と W として, $\nu_c = 1.1 \times 10^{15}$ Hz, $W = 4.4$ eV が得られたとする. この結果から, h を求めよ.

[解]

$$h = \frac{W}{\nu_c} = \frac{4.4 \times 1.6 \times 10^{-19} \text{ J}}{1.1 \times 10^{15} \text{ s}^{-1}} = 6.4 \times 10^{-34} \text{ J} \cdot \text{s} \tag{C.2}$$

光が示す回折現象や干渉効果から, 光が波としての性質をもつことは明らかである. 一方, 光電効果の実験は振動数 ν の光が, エネルギー $h\nu$ の粒子として振る舞うことを示唆している. このことに加えて, 短波長の光である X 線が電子に散乱されるとき, 散乱された X 線の波長が短くなる**コンプトン散乱**がある. コンプトン散乱の実験結果は, 波長 λ の光が運動量 $p = \frac{h}{\lambda}$ の粒子であることを示唆する.

まとめると, 振動数 ν, 波長 λ の光は, エネルギーと運動量がそれぞれ

$$E = h\nu \tag{C.3}$$

$$p = \frac{h}{\lambda} \tag{C.4}$$

である粒子として振る舞う.

C.2 ド・ブロイ波とシュレーディンガー方程式

波である光が粒子として振る舞うとすれば, 粒子である電子が波として振る舞う可能性がある.♣2 ド・ブロイは, 運動量 p をもつ粒子は, 波長 $\lambda = \frac{h}{p}$ の波として振る

♣2 電子が波として振る舞うことを, アニメーションでわかりやすく解説した YouTube の動画が以下にある. http://www.youtube.com/watch?v=vnJre6NzlOQ

C.2 ド・ブロイ波とシュレーディンガー方程式

舞うと考えた．この波を**ド・ブロイ波**とよぶ．粒子のエネルギーと運動量は，光の場合と同様に式 (C.3) と式 (C.4) によってド・ブロイ波の振動数 ν と波長 λ に関係づけられる．

簡単のため空間次元を 1 次元として，ド・ブロイ波を $\psi(x,t)$ で表す．$\psi(x,t)$ について，次の点を明らかにしたい．

(1) $\psi(x,t)$ が従う方程式はどんな方程式か．
(2) $\psi(x,t)$ の物理的な意味はなにか．

最初の点について考えるために，波長 λ，振動数 ν の波の式

$$\cos\left(2\pi\left(\frac{x}{\lambda} - \nu t\right)\right) \tag{C.5}$$

を思い起こそう．オイラーの公式

$$\exp(\mathrm{i}\theta) = \cos\theta + \mathrm{i}\sin\theta \tag{C.6}$$

を用いて，次の平面波の形で書くと便利である．

$$\psi(x,t) = A\exp\left(2\pi\mathrm{i}\left(\frac{x}{\lambda} - \nu t\right)\right) \tag{C.7}$$

ここで，A は複素数である．♣3

$\psi(x,t)$ が従う方程式を見出すために，$\psi(x,t)$ を x について偏微分してみると

$$\frac{\partial}{\partial x}\psi(x,t) = \frac{2\pi\mathrm{i}}{\lambda}\psi(x,t) = \frac{2\pi\mathrm{i}}{h}p\psi(x,t) \tag{C.8}$$

2 番目の等号では，式 (C.4) を用いた．$\hbar = \frac{h}{2\pi}$ として，両辺に $-\mathrm{i}\hbar$ をかけると♣4

$$-\mathrm{i}\hbar\frac{\partial}{\partial x}\psi(x,t) = p\psi(x,t) \tag{C.9}$$

次に，$\psi(x,t)$ を t で偏微分すると

$$\frac{\partial}{\partial t}\psi(x,t) = -2\pi\mathrm{i}\nu\psi(x,t) = -\frac{2\pi\mathrm{i}}{h}E\psi(x,t) \tag{C.10}$$

2 番目の等号では，式 (C.3) を用いた．よって，

$$\mathrm{i}\hbar\frac{\partial}{\partial t}\psi(x,t) = E\psi(x,t) \tag{C.11}$$

式 (C.9) と式 (C.11) より，$\psi(x,t)$ については，p や E は次のように演算子に置き換わる．

♣3 $A = |A|\exp(\mathrm{i}\delta)$ と書くと，$|A|$ が振幅で δ は初期位相となる．
♣4 量子力学では h よりもこの $\hbar$ を頻繁に用いる．

$$p = -i\hbar \frac{\partial}{\partial x}, \qquad E = i\hbar \frac{\partial}{\partial t} \tag{C.12}$$

上述のように,これらの式が成り立つことは,平面波 (C.7) の場合には具体的に確かめられるが,量子力学では,式 (C.12) を基本的な式とみなす. p と E が演算子であることを強調するために,$\widehat{p}, \widehat{E}$ といった記号も用いられる.

付録 B で述べた解析力学において,粒子の運動を考える上で基本となる量はハミルトニアンであった.量子力学でもハミルトニアンが基本的な量となる.1 自由度の系を考え,一般化座標を x,一般化運動量を p とする.エネルギーを E とすれば,

$$E = H(p, x) \tag{C.13}$$

である.式 (C.12) の置き換えを行って得られる演算子が,$\psi(x, t)$ に作用すると考えると

$$i\hbar \frac{\partial}{\partial t} \psi(x, t) = H(\widehat{p}, x)\, \psi(x, t) \tag{C.14}$$

これが $\psi(x, t)$ が従う方程式である.

次に,$\psi(x, t)$ の物理的な意味を考えよう.シュレーディンガーは $|\psi(x, t)|^2$ が粒子の存在確率の密度を表すと考えた.この解釈に従うと,空間上のどこかに粒子が存在することになるから,$\psi(x, t)$ は次式によって規格化される.

$$\int_{-\infty}^{\infty} dx |\psi(x, t)|^2 = 1 \tag{C.15}$$

$\psi(x, t)$ を**波動関数**とよび,式 (C.15) を波動関数の**規格化条件**とよぶ.また,式 (C.14) を**シュレーディンガー方程式**とよぶ.特に,ポテンシャル $V(x)$ 中の質量 m の粒子の場合には,ハミルトニアンが

$$H = \frac{p^2}{2m} + V(x) \tag{C.16}$$

で与えられ,式 (C.14) よりシュレーディンガー方程式は

$$i\hbar \frac{\partial}{\partial t} \psi(x, t) = -\frac{\hbar^2}{2m} \frac{\partial^2}{\partial x^2} \psi(x, t) + V(x) \psi(x, t) \tag{C.17}$$

となる.

ハミルトニアンが時間によらない場合には,

$$\psi(x, t) = \exp\left(-\frac{i}{\hbar} E t\right) \phi(x) \tag{C.18}$$

とおいて,式 (C.17) に代入すると

$$-\frac{\hbar^2}{2m} \frac{d^2}{dx^2} \phi(x) + V(x) \phi(x) = E \phi(x) \tag{C.19}$$

が得られる．式 (C.19) を**時間に依存しないシュレーディンガー方程式**とよぶ．E を**エネルギー固有値**，$\phi(x)$ を**固有状態**の波動関数とよぶ．また，最低エネルギーの固有状態を**基底状態**とよぶ．なお，確率密度を考えると，

$$|\psi(x,t)|^2 = \left|\exp\left(-\frac{i}{\hbar}Et\right)\phi(x)\right|^2 = |\phi(x)|^2 \tag{C.20}$$

となって，時間によらない．したがって，固有状態は定常状態である．

式 (C.19) を解くことは，線形代数において行列の固有値と固有ベクトルを求めることと対応している．固有値がエネルギー固有値 E に対応し，固有ベクトルが固有状態の波動関数 $\phi(x)$ に対応する．

ここで，式 (C.17) を導出したわけではない点に注意しよう．平面波の式 (C.7) から式 (C.12) を見出し，改めて式 (C.12) を基本的な式と捉え直して，式 (C.17) を得ている．古典力学の解析力学による定式化と，量子力学とを対応させることはできても，古典力学から量子力学を導出することはできない．量子力学と古典力学のどちらが基本的かと問われれば，量子力学のほうがより基本的である．実際，古典力学の運動方程式は，量子力学から導出することができる．

例 C.1 （シュレーディンガー方程式の解） 時間に依存しないシュレーディンガー方程式 (C.19) の解の例として，質量 m の粒子の運動が $0 \leq x \leq L$ に束縛された系を考えよう．

$0 < x < L$ において $V(x) = 0$ とする．$x = 0$ と $x = L$ に無限大のポテンシャル障壁があるとみなせるから，$\phi(0) = 0$，$\phi(L) = 0$ が境界条件である．また，式 (C.19) より

$$-\frac{\hbar^2}{2m}\frac{d^2}{dx^2}\phi(x) = E\phi(x) \tag{C.21}$$

$k = \sqrt{\frac{2mE}{\hbar^2}}$ とおくと

$$\frac{d^2}{dx^2}\phi(x) = -k^2\phi(x) \tag{C.22}$$

この微分方程式の解は

$$\phi(x) = A\sin(kx) + B\cos(kx) \tag{C.23}$$

と書ける．境界条件 $\phi(0) = 0$，$\phi(L) = 0$ より $B = 0$，$\sin(kL) = 0$，すなわち n を正の整数として

$$k = k_n = \frac{\pi n}{L} \tag{C.24}$$

また，規格化条件 (C.15) より

$$A^2\int_0^L dx \sin^2\left(\frac{\pi n}{L}\right) = \frac{A^2}{2}\int_0^L dx\left[1 - \cos\left(\frac{2\pi n}{L}\right)\right] = \frac{A^2 L}{2} = 1 \tag{C.25}$$

よって，$A = \sqrt{\frac{2}{L}}$．なお，A の位相は不定であり任意である．

以上より，エネルギー固有値は $n = 1, 2, 3, \ldots$ として

$$E = E_n = \frac{\hbar^2}{2m}k_n^2 = \frac{\pi^2\hbar^2}{2mL^2}n^2 \tag{C.26}$$

エネルギー固有値 E_n の固有状態の波動関数は

$$\phi_n(x) = \sqrt{\frac{2}{L}}\sin\left(\frac{\pi n}{L}x\right) \tag{C.27}$$

となる．古典力学ではエネルギーは連続的に変化するが，量子力学ではエネルギーが離散的な値をとる．

$n = 1, 2, 3$ の波動関数を図示したのが図 **C.2** である．波動関数の符号が変わる点を**節**とよぶ．一般に波動関数の節の数が増えると，エネルギーが増加する．

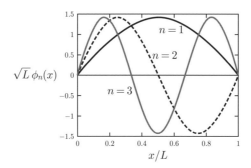

図 **C.2** $0 \leq x \leq L$ に束縛された粒子の波動関数

例題 C.2 （平面波解） $\phi(x+L) = \phi(x)$ の**周期的境界条件**のもとで，時間に依存しないシュレーディンガー方程式 (C.19) の固有状態を求めよ．ただし，$V(x) = 0$ とする．

[**解**] $k = \sqrt{\frac{2mE}{\hbar^2}}$ とおくと，時間に依存しないシュレーディンガー方程式 (C.19) は，式 (C.22) のように書き換えられる．周期的境界条件のもとでは，解として

$$\phi(x) = A\exp(ikx) \tag{C.28}$$

の関数形で考える方が便利である．$\phi(x+L) = \phi(x)$ より

$$k = k_n = \frac{2\pi}{L}n \tag{C.29}$$

ただし，n は整数である．波動関数の規格化条件より，$A = \frac{1}{\sqrt{L}}$ となる．

よって，固有状態のエネルギーは n を整数として

$$E = E_n = \frac{2\pi^2 \hbar^2}{mL^2} n^2 \tag{C.30}$$

また，固有状態の波動関数は

$$\phi_n(x) = \frac{1}{\sqrt{L}} \exp\left(\frac{2\pi i}{L} nx\right) \tag{C.31}$$

となる． □

例 C.2 （調和振動子）　調和振動子の問題を量子力学的に考えよう．$V(x) = \frac{1}{2} m\omega^2 x^2$ として，時間に依存しないシュレーディンガー方程式 (C.19) は

$$-\frac{\hbar^2}{2m} \frac{d^2}{dx^2} \phi(x) + \frac{1}{2} m\omega^2 x^2 \phi(x) = E\phi(x) \tag{C.32}$$

となる．演習問題 C.1 で示すように基底状態の波動関数は，次式で与えられる．

$$\phi_0(x) = \left(\frac{m\omega}{\pi\hbar}\right)^{\frac{1}{4}} \exp\left(-\frac{m\omega}{2\hbar} x^2\right) \tag{C.33}$$

また，基底状態のエネルギーは

$$E_0 = \frac{1}{2} \hbar\omega \tag{C.34}$$

で与えられる．

　調和振動子の問題を量子力学的に扱うと，最もエネルギーが低い状態であっても，エネルギーがゼロにならない．この最低エネルギーの状態を**零点振動**とよぶ．また，この零点振動のエネルギー E_0 を**零点エネルギー**とよぶ．

　波動関数を確率密度と解釈することから，量子力学においては物理量は期待値として計算される．波動関数が $\psi(x,t)$ のとき，演算子 $\widehat{A}$ で表される物理量の期待値 $\langle \widehat{A} \rangle$ は，次式で与えられる．

$$\langle \widehat{A} \rangle = \int_{-\infty}^{\infty} dx\, \psi^*(x,t) \widehat{A} \psi(x,t) \tag{C.35}$$

ここで ψ^* は ψ の複素共役を表す．

例 C.3 （期待値）　波動関数が式 (C.33) で与えられるとき，$\widehat{x}^2$ の期待値は，次のように求められる．

$$\int_{-\infty}^{\infty} dx \phi_0^*(x) \widehat{x}^2 \phi_0(x) = \sqrt{\frac{m\omega}{\pi\hbar}} \int_{-\infty}^{\infty} dx\, x^2 \exp\left(-\frac{m\omega}{\hbar} x^2\right) = \frac{\hbar}{2m\omega}$$

2番目の等号では，公式 (A.38) を用いた．

例題 C.3 （期待値） 波動関数が式 (C.33) で与えられるとき，$\widehat{p}^2$ の期待値を求めよ．

[解]

$$\int_{-\infty}^{\infty} dx \phi_0^*(x) \widehat{p}^2 \phi_0(x) = -\hbar^2 \sqrt{\frac{m\omega}{\pi\hbar}} \int_{-\infty}^{\infty} dx\, e^{-\frac{m\omega}{2\hbar} x^2} \frac{d^2}{dx^2} \left(e^{-\frac{m\omega}{2\hbar} x^2}\right)$$
$$= -\hbar^2 \sqrt{\frac{m\omega}{\pi\hbar}} \int_{-\infty}^{\infty} dx\, e^{-\frac{m\omega}{\hbar} x^2} \left[\left(\frac{m\omega}{\hbar}\right)^2 x^2 - \frac{m\omega}{\hbar}\right]$$
$$= \frac{1}{2} \hbar m\omega \qquad \square$$

演習問題 C.2 で示すように，シュレーディンガー方程式が式 (C.17) で与えられるとき，$\widehat{p}$ の期待値 $\langle \widehat{p} \rangle$ を時間微分すると，次式が成り立つ．

$$\frac{d}{dt} \langle \widehat{p} \rangle = -\left\langle \frac{dV(x)}{dx} \right\rangle \tag{C.36}$$

ゆえに，量子力学の期待値について，古典力学の運動方程式に対応する方程式が成り立つ．これを**エーレンフェストの定理**とよぶ．

古典力学では，座標 x と運動量 p は，$xp = px$ をみたす．しかし，量子力学では，運動量 p は式 (C.12) の演算子 $\widehat{p}$ となる．演算子 $\widehat{A}$ と $\widehat{B}$ の**交換子**を

$$\left[\widehat{A}, \widehat{B}\right] = \widehat{A}\widehat{B} - \widehat{B}\widehat{A} \tag{C.37}$$

によって定義すると

$$[\widehat{x}, \widehat{p}] = i\hbar \tag{C.38}$$

となる．この関係式を**交換関係**とよぶ．

例題 C.4 （交換関係の公式） 演算子 $\widehat{A}$, $\widehat{B}$, $\widehat{C}$ について，次式が成り立つことを示せ．

$$\left[\widehat{A}, \widehat{B}\widehat{C}\right] = \left[\widehat{A}, \widehat{B}\right] \widehat{C} + \widehat{B} \left[\widehat{A}, \widehat{C}\right] \tag{C.39}$$

[解]

$$\left[\widehat{A}, \widehat{B}\widehat{C}\right] = \widehat{A}\widehat{B}\widehat{C} - \widehat{B}\widehat{C}\widehat{A}$$

$$= \widehat{A}\widehat{B}\widehat{C} - \widehat{B}\widehat{A}\widehat{C} + \widehat{B}\widehat{A}\widehat{C} - \widehat{B}\widehat{C}\widehat{A}$$
$$= \left[\widehat{A}, \widehat{B}\right]\widehat{C} + \widehat{B}\left[\widehat{A}, \widehat{C}\right] \qquad \square$$

例題 C.5 （交換関係）　簡単のために $\widehat{x}$ を x, $\widehat{p}$ を p と書く．$[x^2, p]$ を求めよ．

[解]　公式 (C.39) を用いると,

$$[x^2, p] = x[x, p] + [x, p]x = 2i\hbar x \qquad (\text{C}.40) \quad \square$$

C.3　ディラックのブラ・ケット記法

量子力学の状態を記述する上で有用なディラックのブラ・ケット記法を導入しよう．ディラックのブラ・ケット記法では，関数をあたかもベクトルのようにみなす．

図 **C.3(a)** に示したように，2 次元平面上にベクトル $\bm{v}$ があったとする．この 2 次元平面上に，図 **C.3(b)** のように座標系を導入して，互いに直交する基底ベクトル $\bm{e}_1$ と $\bm{e}_2$ を導入すると，ベクトル $\bm{v}$ は

$$\bm{v} = v_1 \bm{e}_1 + v_2 \bm{e}_2 \qquad (\text{C}.41)$$

と書ける．この座標系でのベクトル $\bm{v}$ の成分は，(v_1, v_2) となる．

図 **C.3(c)** のように異なる座標系をとることもできる．この座標系における，互いに直交する基底ベクトルが $\bm{e}'_1$ と $\bm{e}'_2$ だとするとベクトル $\bm{v}$ は

$$\bm{v} = v_1' \bm{e}'_1 + v_2' \bm{e}'_2 \qquad (\text{C}.42)$$

と書けて，一般に $v_1 \neq v_1'$, $v_2 \neq v_2'$ である．一方，ベクトルを $\bm{v}$ と書くと，座標系

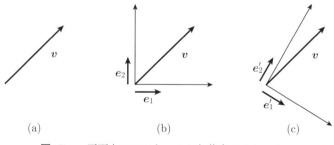

図 **C.3**　平面上のベクトル (a) と基底ベクトル (b)．
(b) とは異なる基底ベクトル (c)．

のとり方に依存しない一般的な書き方となる．しかし，v_j $(j=1,2)$ のように成分で書くと，座標系に依存した書き方となる．

同様の考察を，関数 $f(x)$ に適用してみよう．$f(x)$ はある変数 x を導入したときの関数 f の値である．変数のとり方を変えると，$f(x)$ は異なる形になるであろう．そこで，変数のとり方に依存しない関数の書き方として

$$|f\rangle \tag{C.43}$$

という記号を導入する．$|f\rangle$ はベクトルの $\boldsymbol{v}$ に対応する．ベクトルの成分 v_j に対応するのが $f(x)$ である．

さて，図 **C.3(b)** の基底ベクトル $\boldsymbol{e}_1$ と $\boldsymbol{e}_2$ を

$$\boldsymbol{e}_1 = \begin{pmatrix} 1 \\ 0 \end{pmatrix}, \quad \boldsymbol{e}_2 = \begin{pmatrix} 0 \\ 1 \end{pmatrix} \tag{C.44}$$

と書くと，ベクトル $\boldsymbol{v}$ は

$$\boldsymbol{v} = \begin{pmatrix} v_1 \\ v_2 \end{pmatrix} \tag{C.45}$$

と書ける．$\boldsymbol{e}_j$ の転置ベクトルは

$$\boldsymbol{e}_1^{\mathrm{T}} = \begin{pmatrix} 1 & 0 \end{pmatrix}, \quad \boldsymbol{e}_2^{\mathrm{T}} = \begin{pmatrix} 0 & 1 \end{pmatrix} \tag{C.46}$$

であるから，成分 v_1 と v_2 は，

$$v_1 = \boldsymbol{e}_1^{\mathrm{T}} \boldsymbol{v} = \begin{pmatrix} 1 & 0 \end{pmatrix} \begin{pmatrix} v_1 \\ v_2 \end{pmatrix} \tag{C.47}$$

$$v_2 = \boldsymbol{e}_2^{\mathrm{T}} \boldsymbol{v} = \begin{pmatrix} 0 & 1 \end{pmatrix} \begin{pmatrix} v_1 \\ v_2 \end{pmatrix} \tag{C.48}$$

となる．

関数でも同様に $\boldsymbol{e}_j$ に対応して $|x\rangle$，$\boldsymbol{e}_j^{\mathrm{T}}$ に対応して，$\langle x|$ を導入すると

$$f(x) = \langle x|f\rangle \tag{C.49}$$

と書ける．角括弧 $\langle ... \rangle$ を英語で "bracket" という．そこで，$\langle ...|$ をブラ（bra）ベクトル，$|...\rangle$ をケット（ket）ベクトルとよぶ．

ブラ・ケット記法を用いると，固有状態を $|\phi\rangle$ のように表記できる．また，ベクトルと同様に基底の変換も簡潔に表現できる．

付録 C 演習問題

演習 C.1 調和振動子のハミルトニアンは, $H = \frac{p^2}{2m} + \frac{1}{2}m\omega^2 x^2$ で与えられる. **生成・消滅演算子**を次式で定義する.

$$a = \sqrt{\frac{m\omega}{2\hbar}}x + i\sqrt{\frac{1}{2\hbar m\omega}}p, \quad a^\dagger = \sqrt{\frac{m\omega}{2\hbar}}x - i\sqrt{\frac{1}{2\hbar m\omega}}p \tag{C.50}$$

(1) $[a, a^\dagger] = 1$ を示せ.
(2) $H = \hbar\omega(a^\dagger a + \frac{1}{2})$ と書けることを示し, $[H, a] = -\hbar\omega a$ を示せ.
(3) $|\psi\rangle$ をエネルギーが E の固有状態とするとき, $a|\psi\rangle$ はエネルギーが $E - \hbar\omega$ の固有状態であることを示せ.
(4) 基底状態の波動関数 $\psi(x)$ を求めよ.

演習 C.2 シュレーディンガー方程式が式 (C.17) で与えられるとき, 次式が成り立つことを示せ.

$$\frac{d}{dt}\langle p_x \rangle = -\left\langle \frac{dV}{dx} \right\rangle \tag{C.51}$$

演習 C.3 λ を任意の実数として

$$\langle\psi|(p - i\lambda x)(p + i\lambda x)|\psi\rangle \geq 0 \tag{C.52}$$

が成り立つことから, **不確定性原理** $\Delta x \cdot \Delta p \geq \frac{\hbar}{2}$ を示せ. ただし, $\Delta x = \sqrt{\langle x^2 \rangle}$ および $\Delta p = \sqrt{\langle p^2 \rangle}$ である. また, $\langle x \rangle = 0$, $\langle p \rangle = 0$ とする.

演習問題解答

● **第1章**

演習 1.1 $-\frac{b}{a} = -272\,°\text{C}$.

演習 1.2 2.2 cm

演習 1.3 $3\,\text{cm} \times 0.18 = 0.54\,\text{cm}$.

演習 1.4 300 K における球内の空気の質量を M_0, 球内の空気が T のときの質量を M とする. 大気による浮力を考えて, $M + 500\,\text{kg} < M_0$ の条件がみたされれば気球は浮くことができる. 理想気体の状態方程式より, $M = \frac{300\,\text{K}}{T} M_0$ と書ける. また, $M_0 = \frac{29 \times 10^{-3} \times 1.0 \times 10^5 \times \left(\frac{4}{3}\right)\pi \times 10^3}{8.3 \times 300}\,\text{kg} = 4.9 \times 10^3\,\text{kg}$. これらの式から, $T > 334\,\text{K}$.

演習 1.5

(1) 熱力学第 1 法則より, $d'Q = nC_V dT + PdV$. 定圧過程では $dV = \frac{nR dT}{P}$, $d'Q = nC_P dT$ だから $C_P = C_V + R$ が得られる.

(2) 断熱過程では $d'Q = 0$ だから, 熱力学第 1 法則より, $nC_V dT + PdV = 0$. $dT = \frac{PdV + VdP}{nR}$ を代入して整理すると, $\frac{dP}{P} + \frac{\gamma dV}{V} = 0$. 積分して, PV^γ が一定となる. また, $PV = nRT$ より $TV^{\gamma-1}$ が一定となる.

(3) $PdV = \frac{P_1 V_1^\gamma dV}{V^\gamma}$ を V_1 から V_2 まで積分して, $\frac{1}{1-\gamma} P_1 \left[V_2 \left(\frac{V_1}{V_2}\right)^{1-\gamma} - V_1\right] = \frac{C_V}{R}(P_1 V_1 - P_2 V_2)$ を得る. 熱力学第 1 法則を用いて, 内部エネルギーの変化を考えても同じ結果が得られる.

演習 1.6

(1) 過程 C_1 では, $d'Q = -PdV = \frac{nRT_A dV}{V}$ を V_A から V_C まで積分して $nRT_A \log \frac{V_C}{V_A}$. 過程 C_2 では, $nC_V(T_B - T_A) + n(C_V + R)(T_C - T_B)$ となる. よって両者は異なる.

(2) 過程 C_1 では, $\frac{d'Q}{T_A} = -PdV = \frac{nRdV}{V}$ を $V_A = V_B$ から V_C まで積分して $nR \log \frac{V_C}{V_B}$. 過程 C_2 では, $\int_{T_A}^{T_B} dT \frac{nC_V}{T} + \int_{T_B}^{T_C} dT \frac{n(C_V+R)}{T} = nC_V \log\left(\frac{T_B}{T_C}\right) + n(C_V + R) \log\left(\frac{T_C}{T_B}\right) = nR \log\left(\frac{T_C}{T_B}\right) = nR \log\left(\frac{V_C}{V_B}\right)$. よって, 同じ値が得られる.

演習 1.7 $d'Q = \frac{C_0 dT - TMdM}{C}$ で, 変数が T, M だから, 全微分の条件 (1.18) をみたさない. 一方, $\frac{d'Q}{T} = \frac{C_0 dT}{T} - \frac{MdM}{C}$ については, 全微分の条件 (1.18) がみたされる.

● **第2章**

演習 2.1

(1) 等圧過程 BC でこの熱機関が外から得る熱量は $Q = nC_P(T_C - T_B)$. 等積過程 DA で外へ捨てる熱量は $q = nC_V(T_D - T_A)$. よって, 効率は $\eta = 1 - \frac{q}{Q} = 1 - \frac{C_V(T_D - T_A)}{C_P(T_C - T_B)}$.

(2) 断熱過程では，$TV^{\gamma-1}$ が一定である．よって，$T_A V_A^{\gamma-1} = T_B V_B^{\gamma-1}$，$T_C V_C^{\gamma-1} = T_D V_D^{\gamma-1}$．これらの式を用いて，前問の結果で T_A と T_D を消去し，$V_D = V_A$ および $\frac{T_B}{T_C} = \frac{V_B}{V_C}$ を用いると，与式を得る．

演習 2.2 高温熱源から得る熱量を Q，低温熱源へ捨てる熱量を q とする．1サイクルでのエントロピー変化を考えると，$\frac{Q}{T_H} + \frac{-q}{T_L} = 0$．よって，$\frac{q}{Q} = \frac{T_L}{T_H}$．したがって，効率は $1 - \frac{q}{Q} = 1 - \frac{T_L}{T_H}$．

演習 2.3 各辺が T 軸と S 軸に平行な長方形になる．囲まれる面積は，外へなす仕事である．

演習 2.4 2つの断熱線が交わると仮定して，交点を A とする．これら2つの断熱線と交わる準静的等温過程を導入し，交点をそれぞれ B, C とする．サイクル ABCA もしくはサイクル ACBA のどちらかは外へ仕事をする．外へする仕事は等温過程で得た熱量に等しいが，熱力学第1法則より，この熱がすべて仕事に変わったことになる．よって，トムソンの原理に反するから，任意の2つの断熱線は交わらない．

演習 2.5 熱源の温度を $T_1, T_2, ..., T_n$，それぞれの熱源から熱機関が得る熱量を $Q_1, Q_2, ..., Q_n$ とする．ここで，$0 < k < n$ として，$Q_j > 0$ $(j = 1, 2, ..., k)$，$Q_j < 0$ $(j = k+1, k+2, ..., n)$ としても一般性を失わない．熱源の温度のうち，最大の温度を $T_{\max}$，最低の温度を $T_{\min}$ とすると，$\sum_{j=1}^{k} \frac{Q_j}{T_j} \geq \sum_{j=1}^{k} \frac{Q_j}{T_{\max}}$，$\sum_{j=k+1}^{n} \frac{-Q_j}{T_j} \leq \sum_{j=k+1}^{n} \frac{-Q_j}{T_{\min}}$．よって，クラウジウスの不等式より $\frac{1}{T_{\max}} \sum_{j=1}^{k} Q_j \leq \sum_{j=1}^{k} \frac{Q_j}{T_j} \leq \sum_{j=k+1}^{n} \frac{-Q_j}{T_j} \leq \frac{1}{T_{\min}} \sum_{j=k+1}^{n} (-Q_j)$．ゆえに効率は $1 - \frac{\sum_{j=k+1}^{n}(-Q_j)}{\sum_{j=1}^{k} Q_j} \leq 1 - \frac{T_{\min}}{T_{\max}}$．したがって，上限は $1 - \frac{T_{\min}}{T_{\max}}$ となる．すなわち，熱源の温度が最大のものと最低のものを用いたカルノーサイクルの効率に等しく，熱源を3つ以上用いても効率を上げることはできないことがわかる．

演習 2.6 メイヤーの関係式より $R = C_P - C_V$ だから，式 (2.45) より

$$S = n\left[C_V \log\left(\frac{T}{T_0}\right) + (C_P - C_V)\log\left(\frac{V}{V_0}\right)\right] = n\left[C_P \log\left(\frac{V}{V_0}\right) + C_V \log\left(\frac{TV_0}{VT_0}\right)\right]$$
$$= n\left[C_P \log\left(\frac{V}{V_0}\right) + C_V \log\left(\frac{P}{P_0}\right)\right] = nC_V \log\left(\frac{PV^\gamma}{P_0 V_0^\gamma}\right)$$

ただし，$P_0 = \frac{nRT_0}{V_0}$ である．理想気体の断熱過程では PV^γ が一定だから，この表式よりエントロピーが一定となる．

演習 2.7 $\left(\frac{\partial U}{\partial V}\right)_T = T\left(\frac{\partial S}{\partial V}\right)_T - P$ にマクスウェルの関係式 $\left(\frac{\partial S}{\partial V}\right)_T = \left(\frac{\partial P}{\partial T}\right)_V$ を代入して与式を得る．また，$U = Vu(T)$，$P = \frac{u(T)}{3}$ をエネルギー方程式に代入して整理すると $\frac{u'}{u} = \frac{4}{T}$ を得る．積分して，$u \propto T^4$．

演習 2.8

(1) 断熱自由膨張過程では，気体は仕事をせず，熱の授受もない．よって，熱力学第1法則より内部エネルギーは不変である．理想気体については，$U = nC_V T$ だから，温度は変化しない．

(2) エネルギー方程式 (2.58) に、式 (1.5) を代入すると、$\left(\frac{\partial U}{\partial V}\right)_T = \frac{an^2}{V^2}$ を得る。積分して、$U = -\frac{an^2}{V} + f(T)$. T の関数は、定積モル比熱が C_V であることから、$f = nC_V T$ と求められる。断熱自由膨張では、内部エネルギーが不変だから $nC_V T_1 - \frac{an^2}{V_1} = nC_V T_2 - \frac{an^2}{V_2}$. この式より、$T_2 = T_1 - \frac{an(V_2-V_1)}{C_V V_1 V_2}$. $V_2 > V_1$ だから、断熱自由膨張によって温度が下がることになる。

演習 2.9 温度 T_L の低温熱源と温度 T_H の高温熱源を用いて作動するカルノーサイクルの効率は、$\eta = 1 - \frac{T_L}{T_H}$. 一方、トムソンの原理より、$\eta < 1$. この 2 式より、$T_L > 0$. すなわち、$T_L = 0$ の系は存在しない。

演習 2.10
(1) $u = u(p,q)$, $v = v(p,q)$ だから
$$\begin{pmatrix} du \\ dv \end{pmatrix} = \begin{pmatrix} u_p & u_q \\ v_p & v_q \end{pmatrix} \begin{pmatrix} dp \\ dq \end{pmatrix}$$
また、$u = u(x,y)$, $v = v(x,y)$, $x = x(p,q)$, $y = y(p,q)$ より
$$\begin{pmatrix} du \\ dv \end{pmatrix} = \begin{pmatrix} u_x & u_y \\ v_x & v_y \end{pmatrix} \begin{pmatrix} x_p & x_q \\ y_p & y_q \end{pmatrix} \begin{pmatrix} dp \\ dq \end{pmatrix}$$
この 2 式が等しいとして、両辺の行列を比較し、行列式を考えると、与式が得られる。

(2) ヤコビアンの定義より明らか。
(3) $\frac{\kappa_S}{\kappa_T} \frac{C_P}{C_V} = \left(\frac{\partial V}{\partial P}\right)_S \left(\frac{\partial P}{\partial V}\right)_T \left(\frac{\partial S}{\partial T}\right)_P \left(\frac{\partial T}{\partial S}\right)_V = \frac{\partial(V,S)}{\partial(P,S)} \frac{\partial(P,T)}{\partial(V,T)} \frac{\partial(S,P)}{\partial(T,P)} \frac{\partial(T,S)}{\partial(S,V)} = 1$ より与式が得られる。

● 第 3 章

演習 3.1
(1) 断熱過程において $PV^\gamma = $ const. だから、この式の対数をとって微分すると、$\kappa_S = \frac{1}{\gamma P}$. この式と理想気体の状態方程式より与式を得る。
(2) $v = 3.5 \times 10^2$ m/s. $\frac{dv}{dT} = \frac{v}{2T}$ より、T が 1 K 上昇すると、v が 0.58 m/s 増加する。これらの値は実際の値とよく一致する。♣1

演習 3.2 気体 j ($j = 1, 2$) の化学ポテンシャルは $\mu_j(P,T) = \mu_j(T) + k_B T \log P$ とおける。混合後の気体 j の圧力を P_j とすると、$P_j V = PV_j$ より、$\frac{P_j}{P} = x_j$. ここで x_j は**モル分率**で、気体 j の物質量を n_j として、$x_j = \frac{n_j}{n_1 + n_2}$ である。気体 j の化学ポテンシャルの変化分は $\Delta \mu_j = k_B T (\log P_j - \log P) = k_B T \log x_j$ となる。

演習 3.3
(1) 最初の状態での、細孔栓の左側の領域の体積を V_1、内部エネルギーを U_1、左のピストンを細孔栓に接触するまで押した後の、右側の領域の体積を V_2、内部エネルギーを U_2 とする。このジュール–トムソン過程において、気体が外からされた仕事は $P_1 V_1$、気体が外へする仕事は $P_2 V_2$ である。断熱過程だから、熱力学第 1 法則より $U_2 - U_1 = P_1 V_1 - P_2 V_2$ よって、$U_2 + P_2 V_2 = U_1 + P_1 V_1$. ゆえ

♣1 なお、ニュートンは κ_S の代わりに等温圧縮率 κ_T を用いて v を計算したため、15% ほど小さい値を得た。音速の正確な表式が理解されたのは 19 世紀前半になってからである。

にエンタルピー $H = U + PV$ が変わらないから,等エンタルピー過程である.
(2) 気体の温度は下がる.
(3) ヤコビアンの公式を用いると $\mu_{\rm JT} = \frac{\partial(T,H)}{\partial(P,H)} = \frac{\partial(P,T)}{\partial(P,H)}\frac{\partial(T,H)}{\partial(P,T)} = -\left(\frac{\partial T}{\partial H}\right)_P\left(\frac{\partial H}{\partial P}\right)_T$. $dH = TdS + VdP$ より,$\left(\frac{\partial H}{\partial P}\right)_T = T\left(\frac{\partial S}{\partial P}\right)_T + V$. この式にマクスウェルの関係式 $\left(\frac{\partial S}{\partial P}\right)_T = -\left(\frac{\partial V}{\partial T}\right)_P$ を適用し,$\left(\frac{\partial T}{\partial H}\right)_P = \frac{1}{C_P}$ であることを用いると,与式が示せる.
(4) $T\left(\frac{\partial V}{\partial T}\right)_P - V = T\frac{nR}{P} - V = 0$ より $\mu_{\rm JT} = 0$.
(5) 式 (3.69) を V について解き,a, b の 1 次の範囲で近似すると,$V \simeq \frac{nRT}{P} - \frac{nRT}{P}\frac{an^2}{PV^2} + nb \simeq \frac{nRT}{P} - \frac{an}{RT} + nb$. この式を用いると,$T\left(\frac{\partial V}{\partial T}\right)_P - V \simeq \frac{nb}{T}(T_{\rm inv} - T)$. ただし,$T_{\rm inv} = \frac{2a}{bR}$ である.$T_{\rm inv}$ が求める温度である.

演習 3.4

(1) 気体と液体それぞれのギブスの自由エネルギーを $G_{\rm g}(P,T,n_{\rm g})$, $G_{\rm l}(P,T,n_{\rm l})$ とする.系全体のギブスの自由エネルギーは $G(P,T,n_{\rm g}) = G_{\rm g}(P,T,n_{\rm g}) + G_{\rm l}(P,T,n_0 - n_{\rm g})$. $P = P_{\rm c}$ と $T = T_{\rm c}$ が一定のとき,熱平衡条件 $dG = 0$ より,与式が得られる.
(2) $P = P_{\rm c}$ と $T = T_{\rm c}$,および $P = P_{\rm c} + dP_{\rm c}$ と $T = T_{\rm c} + dT_{\rm c}$ が 1 次相転移点とすると,前問の結果を用いて $\bar{\mu}_{\rm g}(P_{\rm c}+dP_{\rm c}, T_{\rm c}+dT_{\rm c}) - \bar{\mu}_{\rm g}(P_{\rm c}, T_{\rm c}) = \bar{\mu}_{\rm l}(P_{\rm c}+dP_{\rm c}, T_{\rm c}+dT_{\rm c}) - \bar{\mu}_{\rm l}(P_{\rm c}, T_{\rm c})$. よって,$\left(\frac{\partial \bar{\mu}_{\rm g}}{\partial P_{\rm c}} - \frac{\partial \bar{\mu}_{\rm l}}{\partial P_{\rm c}}\right)dP_{\rm c} + \left(\frac{\partial \bar{\mu}_{\rm g}}{\partial T_{\rm c}} - \frac{\partial \bar{\mu}_{\rm l}}{\partial T_{\rm c}}\right)dT_{\rm c} = 0$. 1 mol あたりの気体,液体それぞれの体積を $v_{\rm g}$, $v_{\rm l}$ とすると系全体の体積は $V = n_{\rm g}v_{\rm g} + n_{\rm l}v_{\rm l}$ となる.よって,$\frac{\partial \bar{\mu}_{\rm g}}{\partial P_{\rm c}} = \frac{\partial}{\partial P_{\rm c}}\frac{\partial}{\partial n_{\rm g}}G_{\rm g}(P_{\rm c}, T_{\rm c}, n_{\rm g}) = \frac{\partial}{\partial n_{\rm g}}\frac{\partial}{\partial P_{\rm c}}G_{\rm g}(P_{\rm c}, T_{\rm c}, n_{\rm g}) = \frac{\partial}{\partial n_{\rm g}}V = v_{\rm g}$. また,1 mol あたりの気体,液体それぞれのエントロピーを $s_{\rm g}$, $s_{\rm l}$ とすると系全体のエントロピーは $S = n_{\rm g}s_{\rm g} + n_{\rm l}s_{\rm l}$ となる.よって,$\frac{\partial \bar{\mu}_{\rm g}}{\partial T_{\rm c}} = \frac{\partial}{\partial T_{\rm c}}\frac{\partial}{\partial n_{\rm g}}G_{\rm g}(P_{\rm c}, T_{\rm c}, n_{\rm g}) = \frac{\partial}{\partial n_{\rm g}}\frac{\partial}{\partial T_{\rm c}}G_{\rm g}(P_{\rm c}, T_{\rm c}, n_{\rm g}) = -\frac{\partial}{\partial n_{\rm g}}S = -s_{\rm g}$. 同様に,$\frac{\partial \bar{\mu}_{\rm l}}{\partial P_{\rm c}} = v_{\rm l}$, $\frac{\partial \bar{\mu}_{\rm l}}{\partial T_{\rm c}} = -s_{\rm l}$ が得られる.よって,$(v_{\rm g} - v_{\rm l})dP_{\rm c} - (s_{\rm g} - s_{\rm l})dT_{\rm c} = 0$. $\Delta v = v_{\rm g} - v_{\rm l}$ および $s_{\rm g} - s_{\rm l} = \frac{\Delta q}{T_{\rm c}}$ より $\frac{dT_{\rm c}}{dP_{\rm c}} = \frac{T_{\rm c}\Delta v}{\Delta q}$.
(3) 与えられた水蒸気の密度から $\Delta v = \frac{18\,{\rm g\cdot mol^{-1}}}{6.0\times 10^2\,{\rm g\cdot m^{-3}}} - 18\,{\rm cm^3\cdot mol^{-1}} \simeq 3.0 \times 10^{-2}\,{\rm m^3\cdot mol^{-1}}$. 前問の結果より,$\frac{dT_{\rm c}}{dP_{\rm c}} = \frac{T_{\rm c}\Delta v}{\Delta q} = \frac{373\,{\rm K}\times 3.0\times 10^{-2}\,{\rm m^3\cdot mol^{-1}}}{4.1\times 10^4\,{\rm J\cdot mol^{-1}}} = 2.7\times 10^{-4}\,{\rm Pa^{-1}\cdot K}$. よって,$\Delta P_{\rm c} = 6.0\times 10^4\,{\rm Pa} - 1.0\times 10^5\,{\rm Pa} = -0.4\times 10^5\,{\rm Pa}$ のとき,$\Delta T_{\rm c} = 2.7\times 10^{-4}\,{\rm Pa^{-1}\cdot K}\times(-0.4\times 10^5\,{\rm Pa}) = -11\,{\rm K}$. つまり,沸点は 89°C となる.なお,高度 4,000 m の地点での気圧がおよそ $6.0\times 10^4\,{\rm Pa}$ である.

演習 3.5

(1) $d(U - TS) = -SdT + fdx$ より,与えられたマクスウェルの関係式を得る.
(2) 前問のマクスウェルの関係式より,$\left(\frac{\partial S}{\partial x}\right)_T = -ax$. 積分して,与式を得る.また,$dU = Td\left(-\frac{1}{2}ax^2 + g(T)\right) + axTdx = Tg'(T)dT$ となるから U は T のみの関数である.
(3) x が一定のとき,$d'Q = C_x dT = dU$. 前問の結果と C_x が温度に依存しないこ

とから，$U = C_x T$．よって，C_x は定数となり断熱過程では $C_x \mathrm{d}T - ax T \mathrm{d}x = 0$．両辺を T で割って積分すると，$C_x \log T - \frac{1}{2}ax^2$ が一定であることがわかる．

演習 3.6
(1) 省略．
(2) 前問のマクスウェルの関係式と式 (1.10) より $\left(\frac{\partial S}{\partial M}\right)_T = -\frac{M}{C}$．積分すると，$S = -\frac{M^2}{2C} + f(T)$．ここで，$f(T)$ は T の関数である．$C_M = T\left(\frac{\partial S}{\partial T}\right)_M = Tf'(T)$ より $f(T)$ を求めて，$S = -\frac{M^2}{2C} + C_M \log T$．
(3) 断熱条件のもとで，磁場変化による温度変化を考えればよいから，$\left(\frac{\partial T}{\partial B}\right)_S$ を考える．前問の結果とヤコビアンの公式を用いると $\left(\frac{\partial T}{\partial B}\right)_S = \frac{\partial(T,S)}{\partial(B,S)} = \frac{\partial(T,S)}{\partial(T,M)}\frac{\partial(T,M)}{\partial(T,B)}\frac{\partial(T,B)}{\partial(B,S)} = \frac{C}{C_B}\frac{B}{T}$．ここで C_B は磁場一定のもとでの熱容量である．よって，断熱過程では $T^2 - \frac{C}{C_B}B^2$ が一定となる．ゆえに，温度 T_1，磁場 B の状態から，温度 T_2，磁場ゼロの状態に断熱的に変化したとすると，$T_2^2 = T_1^2 - \frac{C}{C_B}B^2$ となる．よって，温度が下がる．

● 第 4 章

演習 4.1
(1) $\langle x_j \rangle = \frac{1}{2}$ より明らか．
(2) $\langle x_j^2 \rangle = \frac{1}{2}\cdot 0^2 + \frac{1}{2}\cdot 1^2 = \frac{1}{2}$．
(3) $\langle X^2 \rangle = \sum_{i,j}\langle x_i x_j \rangle = \sum_j \langle x_j^2 \rangle + \sum_{i\neq j}\langle x_i x_j \rangle = \sum_j \langle x_j^2 \rangle + \left(\sum_{i,j}\langle x_i \rangle \langle x_j \rangle - \sum_j \langle x_j \rangle^2\right) = \frac{N}{4} + \frac{N^2}{4}$ より $\langle (X - \langle X \rangle)^2 \rangle = \frac{N}{4}$．よって，$\frac{\sqrt{\langle (X-\langle X \rangle)^2 \rangle}}{\langle X \rangle} = \frac{1}{\sqrt{N}}$．

演習 4.2
(1) 省略．
(2) $\langle p_j \rangle = \frac{v}{V}$, $\langle p_j^2 \rangle = \frac{v}{V}$. $p = \frac{v}{V}$ とおくと，$\langle n^2 \rangle = \sum_{i,j}\langle p_i p_j \rangle = \sum_j \langle p_j^2 \rangle + \left(\sum_{i,j}\langle p_i \rangle \langle p_j \rangle - \sum_j \langle p_j \rangle^2\right) = N^2 p^2 + Np(1-p)$. よって，$\frac{\sqrt{\langle (n-\langle n \rangle)^2 \rangle}}{\langle n \rangle} = \frac{\sqrt{Np(1-p)}}{Np} = O\left(\frac{1}{\sqrt{N}}\right)$.

演習 4.3 速度分布関数を $f(v_x, v_y, v_z)$ とおく．仮定 (i) より，f は速度ベクトルの方向によらず，その大きさ v のみに依存するから，ある関数 h を用いて，$f = h(v_x^2 + v_y^2 + v_z^2)$ とおける．また，仮定 (ii) より，$h(v_x^2 + v_y^2 + v_z^2) = g(v_x^2)g(v_y^2)g(v_z^2)$ と書ける．この関係をみたす関数 h, g を求めればよい．$v_x^2 = x, v_y^2 = y, v_z^2 = z$ とおき，$y = z = 0$ とおくと，$h(x) = \mathrm{const.} \times g(x)$．また，$y$ で偏微分した後に，$y = z = 0$ とおくと $h'(x) = \mathrm{const.} \times g(x)$．この 2 式より，$\frac{h'(x)}{h(x)} = \mathrm{const.}$．よって，$a, b$ を定数として，$h(x) = a\exp(-bx)$ とおけるから，$f = a\exp(-b(v_x^2 + v_y^2 + v_z^2))$．$f$ は 1 つの気体分子の速度分布関数だから $\int_{-\infty}^{\infty}dv_x \int_{-\infty}^{\infty}dv_y \int_{-\infty}^{\infty}dv_z f(v_x, v_y, v_z) = 1$．この条件より，$a\pi^{\frac{3}{2}}b^{-\frac{3}{2}} = 1$．この式と $\frac{1}{2}m\langle v^2 \rangle = \frac{3}{2}k_\mathrm{B}T$ より，$a = \left(\frac{m}{2\pi k_\mathrm{B}T}\right)^{\frac{3}{2}}$, $b = \frac{m}{2k_\mathrm{B}T}$．ゆえに，式 (4.63) を得る．なお，$\langle v^2 \rangle$ の計算には，公式 (A.38) を用いるとよい．

演習 4.4 速度ベクトル $\boldsymbol{u}_\alpha$ をもつ気体分子のエネルギーを ε_α, 気体分子の数を N_α とおく. 系の状態数 W は, $W = \frac{N!}{\prod_{\alpha=1}^{K} N_\alpha!}$. 系の全エネルギーを E とすると, 拘束条件は $\sum_{\alpha=1}^{K} N_\alpha = N$ および $\sum_{\alpha=1}^{K} N_\alpha \varepsilon_\alpha = E$ である. これらの拘束条件のもとで, $\log W$ が極値をとる条件をラグランジュの未定乗数法によって求めればよい. $A = \log W + a \sum_{\alpha=1}^{K} N_\alpha + b \sum_{\alpha=1}^{K} N_\alpha \varepsilon_\alpha$ とおく. a, b はラグランジュ乗数である. スターリングの公式を用いると, $\log W \simeq N \log N - \sum_{\alpha=1}^{N} N_\alpha \log N_\alpha$. 条件 $\frac{\partial A}{\partial N_\alpha} = 0$ から, $N_\alpha = \exp(a + b\varepsilon_\alpha)$. この式から, 速度分布の関数形が $f(\boldsymbol{v}) \propto \exp\left(\frac{bm\boldsymbol{v}^2}{2}\right)$ であることがわかる. 前問と同様に比例係数と b を求めれば, マクスウェルの速度分布則 (4.63) を得る.

演習 4.5 ディラックのブラ・ケット記法を用いると, 系のエネルギーの期待値は

$$E = \langle \Psi | \widehat{H} | \Psi \rangle$$

で与えられる. 両辺に $i\hbar$ をかけて, 時間で微分すると

$$i\hbar \frac{d}{dt} E = \left(i\hbar \frac{\partial}{\partial t} \langle \Psi | \right) \widehat{H} | \Psi \rangle + \langle \Psi | \widehat{H} \left(i\hbar \frac{\partial}{\partial t} | \Psi \rangle \right)$$

右辺にシュレーディンガー方程式 $i\hbar \partial_t |\psi\rangle = \widehat{H} |\psi\rangle$ およびエルミート共役の式 $-i\hbar \partial_t \langle \psi | = \langle \psi | \widehat{H}$ を代入すると $i\hbar \frac{d}{dt} E = -\langle \psi | \widehat{H}^2 | \psi \rangle + \langle \psi | \widehat{H}^2 | \psi \rangle = 0$ よって E は時間によらない定数となるから, エネルギーは保存する.

演習 4.6 $V_n(r) = C_n r^n$ とおく. 半径 r の $n+1$ 次元の超球は, $x_1^2 + x_2^2 + \cdots + x_n^2 + x_{n+1}^2 \le r^2$. ここで $r_n = \sqrt{x_1^2 + x_2^2 + \cdots + x_n^2}$ とおくと, $r_n^2 = r^2 - x_{n+1}^2$. よって, $x_{n+1} = \xi$ における超球の断面の体積は $V_n(\sqrt{r^2 - \xi^2})$. ゆえに, $V_{n+1}(r) = \int_{-r}^{r} d\xi V_n(\sqrt{r^2 - \xi^2}) = 2C_n \int_0^r d\xi (r^2 - \xi^2)^{\frac{n}{2}}$. $x_{n+1} = r \sin\theta$ と変数変換すると, ベータ関数 (A.42) を用いて $C_{n+1} = 2C_n \int_0^{\frac{\pi}{2}} d\theta \cos^{n+1}\theta = C_n B\left(\frac{1}{2}, \frac{n}{2} + 1\right)$. 公式 (A.43) を用いると, 漸化式 $C_{n+1} \Gamma\left(\frac{n+1}{2} + 1\right) = \pi^{\frac{1}{2}} C_n \Gamma\left(\frac{n}{2} + 1\right)$ が成り立つことがわかる. この漸化式と $C_2 = \pi$ より, $C_n = \frac{\pi^{\frac{n}{2}}}{\Gamma\left(\frac{n}{2} + 1\right)}$. ゆえに, 与式を得る.

演習 4.7

(1) 状態 ε の粒子数を N_+, 状態 $-\varepsilon$ の粒子数を N_- とすると, $N_+ + N_- = N$, $N_+ - N_- = M$ である. この 2 式より, $N_+ = \frac{N+M}{2}$, $N_- = \frac{N-M}{2}$. よって, 状態数は $W(E) = \frac{N!}{N_+! N_-!} = \frac{N!}{\left(\frac{N+M}{2}\right)!\left(\frac{N-M}{2}\right)!}$.

(2) $\frac{S}{k_B} = \log W(E) = \log N! - \log N_+! - \log N_-!$ にスターリングの公式を適用すればよい.

(3) $E = -N\varepsilon \tanh\left(\frac{\varepsilon}{k_B T}\right)$.

(4) 熱容量は, $C = \frac{dE}{dT} = N \frac{\varepsilon^2}{k_B T^2} \frac{1}{\cosh^2\left(\frac{\varepsilon}{k_B T}\right)}$. C は $k_B T \sim \varepsilon$ にピークをもつ.

このような温度依存性を示す比熱を**ショットキー型比熱**とよぶ.

演習 4.8
(1) $W = \frac{N!}{N_+! N_-!} = \frac{N!}{\left[\left(\frac{N+\ell}{a}\right)! \left(\frac{N-\ell}{a}\right)!\right]}$.

(2) $S \simeq k_B \left[N \log N - \frac{N+\frac{\ell}{a}}{2} \log\left(\frac{N+\frac{\ell}{a}}{2}\right) - \frac{N-\frac{\ell}{a}}{2} \log\left(\frac{N-\frac{\ell}{a}}{2}\right) \right]$

(3) この高分子鎖の張力を f とすると, 仮定より $dU = 0$ だから, 熱力学第1法則より $dU = TdS + fd\ell = 0$. この式から, $f = \frac{TdS}{d\ell} \simeq \frac{k_B T}{2a} \log\left(\frac{N+\frac{\ell}{a}}{N-\frac{\ell}{a}}\right)$. $Na \gg \ell$ のとき, $f \simeq \frac{k_B T}{Na^2} \ell$ よって, フックの法則 $f \propto \ell$ が成り立つ.

● 第5章

演習 5.1 粒子数を N とし,式 (B.25) と同様に変数を導入して,j 番目の粒子の変数に添え字 j をつけて表す.分配関数は $Z = \frac{1}{h^{5N} N!} \int \prod_{j=1}^{N} d^3 \boldsymbol{R}_j \int \prod_{j=1}^{N} d^3 \boldsymbol{P}_j \int \prod_{j=1}^{N} d^3 p_{\theta_j} \times \int \prod_{j=1}^{N} d^3 \theta_j \int \prod_{j=1}^{N} d^3 p_{\phi_j} \int \prod_{j=1}^{N} d^3 \phi_j \exp\left(-\beta \sum_{j=1}^{N} \left(\frac{\boldsymbol{P}_j^2}{4m} + \frac{p_{\theta_j}^2}{m\ell^2} + \frac{p_{\phi_j}^2}{m\ell^2 \sin^2 \theta_j}\right)\right)$. $\phi_j, p_{\phi_j}, p_{\theta_j}$ の積分を実行した後で, θ_j の積分を行うと, $Z = \frac{V^N}{N! h^{5N}} \left(\frac{4\pi m}{\beta}\right)^{\frac{3}{2} N} \left(\frac{4\pi^2 m\ell^2}{\beta}\right)^N \propto \beta^{-\frac{5}{2}N}$. 式 (5.14) により U を求めて, T で偏微分すると, 定積モル比熱として, $\frac{5}{2}R$ を得る.

演習 5.2 系のハミルトニアンは,演習問題 5.1 のハミルトニアンに $-Eq\ell \sum_{j=1}^{N} \cos \theta_j$ を加えたものである.よって,分配関数の計算において,積分 $\int_0^{\pi} d\theta \int_{-\infty}^{\infty} dp_{\phi} \exp\left(-\frac{\beta p_{\phi}^2}{m\ell^2 \sin^2 \theta}\right) = \sqrt{\frac{4\pi m \ell^2}{\beta}}$ が $\int_0^{\pi} d\theta \int_{-\infty}^{\infty} dp_{\phi} \exp\left(-\frac{\beta p_{\phi}^2}{m\ell^2 \sin^2 \theta}\right) \exp(\beta q E \ell \cos \theta) = \sqrt{\frac{4\pi m \ell^2}{\beta}} \frac{\sinh(\beta q E \ell)}{\beta q E \ell}$ に置き換わる.よって,系の分配関数は $Z \propto \left[\frac{\sinh(\beta q E \ell)}{\beta q E \ell}\right]^N$. この式より,$P = Nq\ell \left[\coth\left(\frac{qE\ell}{k_B T}\right) - \frac{k_B T}{q\ell E}\right]$. すべての電気双極子が電場方向を向くと $P = Nq\ell$ となるが,有限温度ではこの値より小さくなる.また,$x = 0$ 近傍の展開式 $\frac{\coth x - 1}{x} = \frac{x}{3} - \frac{x^3}{45} + \cdots$ を用いるとキュリーの法則を得る.

演習 5.3 前問の結果で,E を H に,$q\ell$ を μ に置き換えれば $M = N\mu \left[\coth\left(\frac{\mu H}{k_B T}\right) - \frac{k_B T}{\mu H}\right]$. キュリーの法則についても,前問と同様の計算で求められる.

演習 5.4 4.3 nm. 通常の金属では平均の電子間距離よりも熱的ド・ブロイ波長の方が長くなる.そのため,室温における金属中の電子は,フェルミ統計に従う粒子として考える必要がある.

演習 5.5
(1) 省略.
(2) A の固有値は,$\lambda_{\pm} = e^{\beta J} \cosh(\beta h) \pm \sqrt{e^{2\beta J} \sinh(\beta h) + e^{-2\beta J}}$. A を対角化する行列を U として,$U^T A U$ が対角化された行列とすると $Tr A^N = Tr(UU^T A^N) = Tr(U^T A^N U) = Tr(U^T A U)^N = \lambda_+^N + \lambda_-^N$. $N \gg 1$ のとき,$F = -\frac{1}{\beta} \log(\lambda_+^N + \lambda_-^N) \simeq -\frac{N}{\beta} \log \lambda_+ =$

$-\frac{N}{\beta}\log\left(\mathrm{e}^{\beta J}\cosh(\beta h)+\sqrt{\mathrm{e}^{2\beta J}\sinh(\beta h)+\mathrm{e}^{-2\beta J}}\right)$. $h=0$ とおくと, 式 (5.41) に一致することがわかる.

演習 5.6 仮定より, $F'(E_0)=0$ だから, $F(E)=F(E_0)+\frac{1}{2}F''(E_0)(E-E_0)^2+\cdots$ ここで, $F''(E_0)>0$ である. よって, $Z\simeq\mathrm{e}^{-\beta F(E_0)}\int_{-\infty}^{\infty}\mathrm{d}E\mathrm{e}^{-\frac{1}{2}\beta F''(E_0)(E-E_0)^2}=\mathrm{e}^{-\beta F(E_0)}\sqrt{\frac{2\pi}{\beta F''(E_0)}}$. 両辺の対数をとり, $O(\log E_0)$ の項を無視して, $F(E_0)$ を熱平衡状態におけるヘルムホルツの自由エネルギー F に等しいとすれば, 式 (5.16) が得られる.

● 第 6 章

演習 6.1 省略.

演習 6.2 2 次元系では, 式 (6.20) が次式で置き換わる.

$$\int_0^\infty \mathrm{d}\varepsilon \frac{1}{\mathrm{e}^{-\beta\mu}\mathrm{e}^{\beta\varepsilon}-1} \leq \beta^{-1}\int_0^\infty \mathrm{d}x\frac{1}{\mathrm{e}^x-1}$$

右辺の積分は発散するから, 化学ポテンシャル μ は, $N\to\infty$ でも $\mu>0$ となる. よって, $n(0)=O(N)$ となることがなく, 2 次元系ではボース・アインシュタイン凝縮は起こらない.

演習 6.3 (i) フェルミ粒子系のとき, 熱力学関数 J は, $J=-\frac{1}{\beta}\sum_\alpha\log[1+\exp(-\beta(\varepsilon_\alpha-\mu))]$. $S=-\frac{\partial J}{\partial T}$ より, $S=k_\mathrm{B}\sum_\alpha\log[1+\exp(-\beta(\varepsilon_\alpha-\mu))]+k_\mathrm{B}\sum_k\frac{\beta(\varepsilon_\alpha-\mu)}{\exp(\beta(\varepsilon_\alpha-\mu))+1}$. $\exp(\beta(\varepsilon_\alpha-\mu))=\frac{[1-f(\varepsilon_\alpha)]}{f(\varepsilon_\alpha)}$ および $\beta(\varepsilon_\alpha-\mu)=\log(1-f(\varepsilon_\alpha))-\log f(\varepsilon_\alpha)$ を用いて変形すると与式を得る.

(ii) ボース粒子系のとき, 熱力学関数 J は $J=\frac{1}{\beta}\sum_\alpha\log[1-\exp(-\beta(\varepsilon_\alpha-\mu))]$ で与えられる. フェルミ粒子系の場合と同様の計算によって, 与式を得る.

演習 6.4 まず, 式 (6.43) において部分積分を行うと

$$\begin{aligned}I&=[g(\varepsilon)f(\varepsilon)]_0^\infty+\int_0^\infty\mathrm{d}\varepsilon g(\varepsilon)\left[-\frac{\mathrm{d}f(\varepsilon)}{\mathrm{d}\varepsilon}\right]\\&=\int_0^\infty\mathrm{d}\varepsilon g(\varepsilon)\left[-\frac{\mathrm{d}f(\varepsilon)}{\mathrm{d}\varepsilon}\right]\quad(*)\end{aligned}$$

ここで 1 行目の右辺の第 1 項に式 (6.42) を用いた. 関数 $-f'(\varepsilon)=-\frac{\mathrm{d}f(\varepsilon)}{\mathrm{d}\varepsilon}$ のグラフを図示すると, 図 1 のようになる. $-f'(\varepsilon)$ は, $\varepsilon=\mu$ にピークをもつ関数であり, ピークの幅は $k_\mathrm{B}T$ 程度である. したがって, $k_\mathrm{B}T\ll\varepsilon_\mathrm{F}$ のとき, $-f'(\varepsilon)$ は鋭いピークをもつ関数になる.

$-f'(\varepsilon)$ の振る舞いから, $\varepsilon=\mu$ 近傍のみが積分 I に寄与することになる. そこで, 関数 $g(\varepsilon)$ を $\varepsilon=\mu$ のまわりに展開する.

$$g(\varepsilon)=g(\mu)+g'(\mu)(\varepsilon-\mu)+\frac{1}{2}g''(\mu)(\varepsilon-\mu)^2+\cdots$$

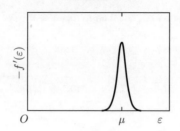

図 1 フェルミ分布関数の温度微分

式 (*) に代入して考えると，I の計算において $(\varepsilon-\mu)^n$ を含む次の積分計算が必要となる．

$$\int_0^\infty d\varepsilon (\varepsilon-\mu)^n \left[-\frac{df(\varepsilon)}{d\varepsilon}\right] = \int_{-\mu}^\infty d\xi \xi^n \frac{\beta e^{\beta\xi}}{(e^{\beta\xi}+1)^2}$$
$$\simeq (k_B T)^n \int_{-\infty}^\infty dy\, y^n \frac{e^y}{(e^y+1)^2} \qquad (**)$$

1 行目から 2 行目で，積分の下限を $-\mu \to -\infty$ とし，変数変換 $\beta\xi = y$ を行っている．$\frac{e^y}{(e^y+1)^2}$ は偶関数だから，この積分は n が偶数のときのみ値をもつ．

$$s_n = \int_0^\infty dy\, y^{2n} \frac{e^y}{(e^y+1)^2}$$

とおくと，$s_0 = 1$ であることがわかる．$n \geq 1$ のときは，右辺を部分積分して $\frac{1}{(1-x)^2} = 1 + 2x + 3x^2 + \cdots$ の展開を用いて

$$\frac{e^y}{(e^y+1)^2} = e^{-y} \frac{1}{[1-(-e^{-y})]^2} = \sum_{\ell=0}^\infty (-1)^\ell (\ell+1) e^{-(\ell+1)y}$$

であるから，

$$s_n = \int_{-\infty}^\infty dy\, y^{2n} \sum_{\ell=0}^\infty (-1)^\ell (\ell+1) e^{-(\ell+1)y} = \Gamma(2n+1) \sum_{\ell=0}^\infty \frac{(-1)^\ell}{(\ell+1)^{2n}}$$

ここで

$$\sum_{\ell=0}^\infty \frac{(-1)^\ell}{(\ell+1)^{2n}} = \frac{1}{1^{2n}} - \frac{1}{2^{2n}} + \frac{1}{3^{2n}} - \frac{1}{4^{2n}} \cdots$$
$$= \left(\frac{1}{1^{2n}} + \frac{1}{2^{2n}} + \frac{1}{3^{2n}} + \frac{1}{4^{2n}} \cdots\right) - 2\left(\frac{1}{2^{2n}} + \frac{1}{4^{2n}} + \frac{1}{6^{2n}} \cdots\right)$$
$$= \left(\frac{1}{1^{2n}} + \frac{1}{2^{2n}} + \frac{1}{3^{2n}} + \frac{1}{4^{2n}} \cdots\right) - \frac{1}{2^{2n-1}}\left(\frac{1}{1^{2n}} + \frac{1}{2^{2n}} + \frac{1}{3^{2n}} \cdots\right)$$

であるから，
$$s_n = (2n)!\left(1-2^{1-2n}\right)\zeta(2n)$$
となる．よって，式 $(**)$ より
$$\int_0^\infty d\varepsilon (\varepsilon-\mu)^{2n}\left[-\frac{df(\varepsilon)}{d\varepsilon}\right] \simeq 2(k_B T)^{2n} s_n$$
$$= 2(2n)!\left(1-2^{1-2n}\right)\zeta(2n)(k_B T)^{2n}$$
ゆえに，式 $(*)$ より
$$I = \int_0^\infty d\varepsilon\left[-\frac{df(\varepsilon)}{d\varepsilon}\right]\left[g(\mu)+\frac{1}{2}g''(\mu)(\varepsilon-\mu)^2+\frac{1}{4!}g^{(4)}(\varepsilon-\mu)^4+\cdots\right]$$
$$= s_0 g(\mu) + s_2 g''(\mu)(k_B T)^2 + \frac{1}{12}s_4 g^{(4)}(\mu)(k_B T)^4 + \cdots$$
$$= g(\mu) + \frac{\pi^2}{6}g''(\mu)(k_B T)^2 + \frac{7\pi^4}{360}g^{(4)}(\mu)(k_B T)^4 + \cdots$$

演習 6.5 式 (6.48) を用いて考えると，励起されたフェルミ粒子のエネルギーは $U = 2VD_0 \int_0^\infty d\xi E f(E)$. ここで D_0 は状態密度であり，簡単のため一定とする．定積熱容量は，U を T で微分すれば得られ，
$$C = 2VD_0 \int_0^\infty d\xi \frac{E^2}{k_B T^2}\frac{e^{\beta E}}{(e^{\beta E}+1)^2}$$
低温の場合，$\beta E \gg 1$, $\exp(\beta E) \gg 1$ だから，$C \simeq 2k_B V D_0 \left(\frac{\Delta}{k_B T}\right)^2 \int_0^\infty d\xi \exp\left(-\beta\sqrt{\xi^2+\Delta^2}\right)$ と近似できる．被積分関数において，$\exp\left(-\beta\sqrt{\xi^2+\Delta^2}\right) \simeq \exp(-\beta\Delta)\exp\left(-\frac{\beta\xi^2}{2\Delta}\right)$ と近似すれば，$C \simeq \sqrt{2\pi}\left(\frac{VD_0}{T}\right)\left(\frac{\Delta}{k_B T}\right)^{\frac{3}{2}}\exp\left(-\frac{\Delta}{k_B T}\right)$ を得る．よって，熱容量は指数関数的に減衰する．

● **第 7 章**

演習 7.1 分配関数は，$Z = \int \prod_{j=1}^N d\theta_j \sin\theta_j \int \prod_{j=1}^N d\phi_j \exp(-\beta H_{\mathrm{mf}}) = (2\pi)^N \left[\int_0^\pi d\theta \sin\theta \exp(\beta z m J S \cos\theta)\right]^N = \left[\frac{4\pi \sinh(\beta z J S m)}{\beta z J S m}\right]^N$. 平均場の方程式は，$m = \frac{S}{N}\sum_{j=1}^N \langle\cos\theta_j\rangle = \frac{1}{N}\frac{\partial}{\partial(\beta z m J)}\log Z = S\left[\coth(\beta z J S m) - \frac{1}{\beta z J S m}\right]$. この平均場の方程式が解をもつのは，$T < T_c$ のときで，与えられた公式を用いると，$T_c = \frac{zJS^2}{3k_B}$.

演習 7.2 平均場のハミルトニアンは，$H_{\mathrm{mf}} = -zmJ\sum_{j=1}^N S_{jz}$. 分配関数は，
$$Z = \sum_{S_{1z}=-S}^S \sum_{S_{2z}=-S}^S \cdots \sum_{S_{jz}=-S}^S \cdots \sum_{S_{Nz}=-S}^S \exp\left(\beta z m J \sum_{j=1}^N S_{jz}\right)$$

$$= \left[\frac{\exp\left(\left(S+\tfrac{1}{2}\right)\beta zmJ\right) - \exp\left(-\left(S+\tfrac{1}{2}\right)\beta zmJ\right)}{\exp\left(\frac{\beta zmJ}{2}\right) - \exp\left(-\frac{\beta zmJ}{2}\right)} \right]^N$$

$$= \left[\frac{\sinh\left(\left(S+\tfrac{1}{2}\right)\beta zmJ\right)}{\sinh\left(\frac{\beta zmJ}{2}\right)} \right]^N$$

平均場の方程式は, $m = \frac{1}{N}\sum_{j=1}^{N}\langle S_{jz}\rangle = \frac{1}{N}\frac{\partial}{\partial(\beta zmJ)}\log Z = \left(S+\frac{1}{2}\right)\coth\left(\left(S+\frac{1}{2}\right)\beta zmJ\right) - \frac{1}{2}\coth\left(\frac{\beta zmJ}{2}\right)$. $\coth x = \frac{1}{x} + \frac{x}{3} + \cdots$ の展開式を用いて, 転移温度を求めると, $T_c = \frac{zJS(S+1)}{3k_B}$.

演習 7.3

(1) $\varepsilon = \frac{JS^2}{2} \times 2\pi \int_a^R \mathrm{d}r\, r\left(\frac{1}{r^2}\right) = \pi JS^2 \log\frac{R}{a}$.

(2) 渦の状態数は $W = \left[\frac{\pi R^2}{\pi a^2}\right]^{N_v}$. W の対数をとって, 与式を得る.

(3) ヘルムホルツの自由エネルギーを考えると, $F = N_v \pi JS^2 \log\frac{R}{a} - 2N_v k_B T \log\frac{R}{a} = N_v\left(\pi JS^2 - 2k_B T\right)\log\frac{R}{a}$. よって, この系は $T = T_c = \frac{\pi JS^2}{2k_B}$ において相転移を起こす. $T > T_c$ では, 孤立した渦が多数存在して, 系は乱れた状態にある. 一方, $T < T_c$ では, 渦の向きが互いに反対の 2 つの渦が, 対を形成した状態が安定化する.

● 付録 A

演習 A.1 $I = a\theta_0$.

演習 A.2 式 (A.40) において, $t = u^2$ と変数変換すれば与式が得られる. この式より, $\Gamma(\tfrac{1}{2}) = \sqrt{\pi}$ は明らか. また, この公式を用いると $\Gamma(x)\Gamma(y) = 4\int_0^\infty \mathrm{d}u\, u^{2x-1}\mathrm{e}^{-u^2}\int_0^\infty \mathrm{d}v\, v^{2y-1}\mathrm{e}^{-v^2}$. $u = r\sin\theta$, $v = r\cos\theta$ と変数変換すると $\Gamma(x)\Gamma(y) = 4\int_0^\infty \mathrm{d}r\, r^{2(x+y)-1}\mathrm{e}^{-r^2}\int_0^{\frac{\pi}{2}}\mathrm{d}\theta \sin^{2x-1}\theta \cos^{2y-1}\theta = \Gamma(x+y)B(x,y)$. この式より, 式 (A.43) が得られる.

● 付録 B

演習 B.1 それぞれの原子の座標ベクトルを $\boldsymbol{r}_1$, $\boldsymbol{r}_2$ とすると, $\boldsymbol{r}_1 = \boldsymbol{R} + \frac{1}{2}\ell\boldsymbol{e}_\ell$, $\boldsymbol{r}_2 = \boldsymbol{R} - \frac{1}{2}\ell\boldsymbol{e}_\ell$. ここで $\boldsymbol{R}$ は重心座標ベクトルである. ラグランジアンは $L = \frac{1}{2}m\dot{\boldsymbol{r}}_1^2 + \frac{1}{2}m\dot{\boldsymbol{r}}_2^2 = m\dot{\boldsymbol{R}}^2 + \frac{1}{4}m\ell^2\dot{\theta}^2 + \frac{1}{4}m\ell^2\dot{\phi}^2\sin^2\theta$. 一般化運動量は, $\boldsymbol{P} = \frac{\partial L}{\partial \dot{\boldsymbol{R}}} = 2m\dot{\boldsymbol{R}}$, $p_\theta = \frac{\partial L}{\partial \dot{\theta}} = \frac{1}{2}m\ell^2\dot{\theta}$, $p_\phi = \frac{\partial L}{\partial \dot{\phi}} = \frac{1}{2}m\ell^2\dot{\phi}\sin^2\theta$. ハミルトニアンは $H = \boldsymbol{P}\cdot\dot{\boldsymbol{R}} + p_\theta\dot{\theta} + p_\phi\dot{\phi} - L = \frac{1}{4m}\boldsymbol{P}^2 + \frac{1}{m\ell^2}p_\theta^2 + \frac{1}{m\ell^2\sin^2\theta}p_\phi^2$.

● 付録 C

演習 C.1

(1) $[a, a^\dagger] = \left[\sqrt{\frac{m\omega}{2\hbar}}x + i\sqrt{\frac{1}{2\hbar m\omega}}p, \sqrt{\frac{m\omega}{2\hbar}}x - i\sqrt{\frac{1}{2\hbar m\omega}}p\right] = -\frac{i}{2\hbar}[x,p] + \frac{i}{2\hbar}[p,x] = 1$

(2) $x = \sqrt{\frac{\hbar}{2m\omega}}(a + a^\dagger)$, $p = -i\sqrt{\frac{\hbar m\omega}{2}}(a - a^\dagger)$ と書けるから, ハミルトニアンの式に代入して整理すると与式が得られる. また, $[H, a] = \hbar\omega[a^\dagger a, a] = \hbar[a^\dagger, a]a = -\hbar\omega a$.

(3) 仮定より, $H|\psi\rangle = E|\psi\rangle$. この式を用いると, $Ha|\psi\rangle = ([H,a] + aH)|\psi\rangle = (E - \hbar\omega)a|\psi\rangle$.

(4) 前問より, a はエネルギーを $\hbar\omega$ だけ下げる演算子である. 基底状態を $|0\rangle$ と書くと, 基底状態に a を作用させてもエネルギーが下がることはないから, $a|0\rangle = 0$ となる. 左から $\langle x|$ をかけて, a の x と $p = -i\hbar\frac{d}{dx}$ による表示を代入すると, $\phi_0(x) = \langle x|0\rangle$ として, $\left(\sqrt{\frac{m\omega}{2\hbar}}x + \sqrt{\frac{\hbar}{2m\omega}}\frac{d}{dx}\right)\phi_0(x) = 0$. つまり, $\frac{\phi'_0}{\phi_0} = -\frac{m\omega}{\hbar}x$. この微分方程式を解くと, C を定数として $\phi_0 = C\exp\left(-\frac{m\omega}{2\hbar}x^2\right)$. 波動関数の規格化条件から C を求めて, 式 (C.33) を得る.

演習 C.2 $\langle p_x \rangle = \langle \psi | p_x | \psi \rangle$ を時間 t で微分して, $\frac{d\langle p_x \rangle}{dt} = \left(\frac{d}{dt}\langle\psi|\right)p_x|\psi\rangle + \langle\psi|p_x\left(\frac{d}{dt}|\psi\rangle\right) = -\frac{1}{i\hbar}\langle\psi|[H, p_x]|\psi\rangle = -\langle\psi|\frac{dV}{dx}|\psi\rangle = -\langle\frac{dV}{dx}\rangle$.

演習 C.3 与式より, $\langle x^2\rangle\lambda^2 - \hbar\lambda + \langle p^2\rangle \geq 0$. これが任意の実数 λ について成り立つから, $\hbar^2 - 4\langle x^2\rangle\langle p^2\rangle \leq 0$. よって, $\Delta x \cdot \Delta p \geq \frac{\hbar}{2}$.

さらに勉強するために

熱力学の教科書として，標準的なものを挙げると
- E. フェルミ（加藤正昭 訳），フェルミ熱力学，三省堂，1973.
- 三宅哲，熱力学，裳華房，1989.

洋書だが，多くの実例を含む本として
- D. V. Schroeder, Thermal Physics, Addison, 1999.

がある．この著者には，場の理論の有名な教科書もある．

応用について詳しい教科書として，以下を挙げる．
- 日本機械学会，熱力学，日本機械学会，2002.
- P. W. アトキンス（千原秀昭，中村亘男 訳），アトキンス物理化学（上・下），東京化学同人，2009.

注意深く書かれた熱力学の教科書として
- 田崎晴明，熱力学——現代的な視点から，培風館，2000.
- 清水明，熱力学の基礎，東京大学出版会，2007.
- 佐々真一，熱力学入門，共立出版，2000.

がある．

統計力学の教科書としては，以下のものがある．
- 北原和夫，杉山忠男，統計力学，講談社，2010.
- 長岡洋介，統計力学，岩波書店，2011.
- 佐宗哲郎，統計力学，丸善，2010.
- 田崎晴明，統計力学（1・2），培風館，2008.

熱力学と統計力学の演習書としては，次の本が定番である．
- 久保亮五 編，大学演習熱学・統計力学（修訂版），裳華房，1998.

ファインマン図形，温度グリーン関数などの発展的な内容を含む教科書として，次の本がある．
- 阿部龍蔵，統計力学，東京大学出版会，1992.

さらに勉強するために

量子力学の教科書として，主なものを以下に挙げる．
- L. I. シッフ（井上健 訳），量子力学（上・下），吉岡書店，1971.
- J. J. サクライ（桜井明夫 訳），現代の量子力学（上・下），吉岡書店，2014.
- L. ランダウ，E. M. リフシッツ（佐々木健，好村滋洋 訳），量子力学（1・2），東京図書，1983.
- R. P. ファインマン，A. R. ヒッブス（北原和夫 訳），ファインマン経路積分と量子力学，マグロウヒル出版，1990.

4番目の本は，ファイマン経路積分を用いた量子力学の本である．量子力学について，通常の演算子形式の量子力学とは異なる非常に有用な視点が得られる．

量子力学の演習書として，以下を挙げる．
- 小出昭一郎，水野幸夫，量子力学演習，裳華房，1978.
- 後藤憲一 他 共編，詳解理論応用量子力学演習，共立出版，1982.
- 岡崎誠，藤原毅夫，演習量子力学 [新訂版]，サイエンス社，2002.

物理学で用いる数学については，例えば以下の本を参照されたい．
- 後藤憲一，山本邦夫，神吉健 共編，詳解物理応用数学演習，共立出版，1979.

相転移現象については，次の本がある．
- H. E. スタンリー（松野孝一郎 訳），相転移と臨界現象，東京図書，1987.

参考文献

[1] J. ダイアモンド（倉骨彰 訳），銃・病原菌・鉄（上），草思社文庫，2012.
[2] 山本義隆，熱学思想の史的展開（1・2・3），筑摩書房，2008.
[3] 奥田毅，低温小史——超伝導へのみち，内田老鶴圃，1992.
[4] C. P. スノー（松井巻之助 訳），二つの文化と科学革命，みすず書房，2011.
[5] 山田一雄，大見哲臣，超流動，培風館，1995.
[6] E. H. Lieb and J. Yngvason, Phys. Rep. 310, **1** (1999).
[7] L. I. シッフ（井上健 訳），量子力学（上），吉岡書店，1970.
[8] C. キッテル（宇野良清，新関駒二郎，山下次郎，津屋昇，森田章 訳），キッテル固体物理学入門（下），丸善，2005.
[9] 日本機械学会，熱力学，日本機械学会，2002.
[10] 長岡洋介，振動と波，裳華房，1992.
[11] H. E. スタンリー（松野孝一郎 訳），相転移と臨界現象，東京図書，1992.
[12] C. Itzykson and J.-M. Drouffe, Statistical Field Theory Volume 1, Cambridge University Press, 1989.
[13] A. M. Polyakov, Gauge Fields and Strings, Harwood Academic Publishers, 1987.

索　引

● あ 行

アインシュタイン模型　76
圧縮率因子　51
アボガドロ定数　3
鞍点法　151

位相空間　65
位相平均　66
1次相転移　55
一般化運動量　159
一般化座標　64, 159

渦　138

エーレンフェストの定理　168
液相　55
エネルギー固有値　165
エネルギー方程式　35
エルゴード仮説　66
エンタルピー　36
エントロピー　1, 29
エントロピー増大の原理　32

オットーサイクル　19
オンサーガーの厳密解　127

● か 行

外界　3
解析力学　64
化学ポテンシャル　9
可逆　8
可逆過程　8
カルノーサイクル　20

規格化条件　164
気相　55
気体定数　5
気体分子運動論　77
基底状態　165
ギブス-デュエムの関係式　39
ギブスの自由エネルギー　37
キュリーの法則　101
強磁性体　7
共役　8, 158

クラウジウス-クラペイロンの式　59
クラウジウスの原理　15
クラウジウスの不等式　25

系　2

交換関係　168

索　引

交換子　168
光電効果　100, 161
効率　18
固有状態　165
孤立系　3
コンプトン散乱　162

● さ 行

サイクル　8
最小作用の原理　155
作用積分　158

磁化　7
時間に依存しないシュレーディンガー方程式　165
時間平均　66
示強変数　4, 8
自己無撞着方程式　127
磁性体　7
自発的対称性の破れ　133
周期的境界条件　166
ジュール-トムソン過程　59
ジュール-トムソン係数　59
シュレーディンガー方程式　164
準静的過程　8
準静的断熱過程　8
準静的等温過程　8
蒸気圧　52
常磁性体　7
小正準集団　68
小正準分布　68

状態変数　3
状態方程式　5
状態密度　104
状態量　10
蒸発熱　55
ショットキー型比熱　178
示量変数　4

スターリングの公式　150
ステファン-ボルツマンの法則　35, 116
スネルの法則　156
スピン　7

正準集団　81
正準分布　81
生成・消滅演算子　171
積分因子　144
零点エネルギー　167
零点振動　167
線形分散　118
線積分　142
潜熱　55
全微分　10, 143

相　55
相加性　4
相関関数　137
相関長　137
相図　57
相対誤差　63
相転移　54

索　引　　**189**

ゾンマーフェルト展開　110

● た 行

対応状態の原理　51
帯磁率　101
大正準集団　91
大正準分布　91
断熱消磁法　60

超伝導　14, 55
超流動　108

デバイ温度　121
デバイ振動数　120
デバイ波数　120
デバイ模型　76, 116, 119
デュロン-プティの法則　74
電気感受率　101

統計性　95, 97
統計力学　2
等重率の原理　68
閉じた系　88
ド・ブロイ波　163
トムソンの原理　16

● な 行

内部エネルギー　5

2次相転移　55

熱　9
熱機関　1, 18
熱源　15
熱的ド・ブロイ波長　94
熱的有効質量　112
熱平衡状態　3
熱浴　42
熱力学　2
熱力学関数　38
熱力学第1法則　9
熱力学第2法則　1, 15
熱力学的な系　3
熱力学変数　2

● は 行

ハイゼンベルクの不確定性原理　66
波動関数　164
波動方程式　118
ハミルトニアン　64, 158
ハミルトンの運動方程式　65, 159
反復法　128

比熱比　12
開いた系　88

ファン・デル・ワールス状態方程式　6
ファン・デル・ワールス定数　6
フェルマーの原理　155
フェルミエネルギー　109
フェルミオン　96
フェルミ温度　110

フェルミ縮退　110
フェルミ統計　97
フェルミ波数　109
フェルミ分布関数　100
フェルミ粒子　97
フォノン　120
不可逆　8
不可逆過程　8, 32
不確定性原理　171
不可弁別性　72
不完全微分　10, 144
節　166
物質量　3
普遍性　132
プランク定数　161
分配関数　81

平均場近似　125
平均場の方程式　126
ベータ関数　149
ヘルムホルツの自由エネルギー　37
ベレジンスキー-コステリッツ-サウレス
　転移　139
偏微分　8

飽和蒸気圧　52
ボース-アインシュタイン凝縮　107
ボース統計　97
ボース分布関数　99
ボース粒子　96
ボソン　96
ボルツマンの式　71

● ま 行

マクスウェルの関係式　40
マクスウェルの速度分布則　77
マクスウェルの面積則　57
マクロ　62

ミクロ　62

無限小過程　8

メイヤーの関係式　12

モーペルテュイの原理　156
モル分率　174

● や 行

ヤコビアン　35

ユニバーサリティ　132
ゆらぎ　87

● ら 行

ラグランジアン　64, 158
ラグランジュ乗数　152
ラグランジュの運動方程式　158
ランダウの記号　88, 151

粒子浴　88
量子気体　95
臨界温度　14
臨界指数　132

臨界点　56

ルジャンドル変換　37

● **欧数字**

XY模型　138

著者略歴

森 成 隆 夫
(もり なり たか お)

1999年　東京大学大学院工学系研究科物理工学専攻博士課程修了
現　在　京都大学大学院人間・環境学研究科教授
　　　　博士（工学）
　　　　専門は物性物理

主要著書
The Multifaceted Skyrmion 2nd Edition（分担執筆, World Scientific）
振動・波動（朝倉書店）
熱力学の基礎（大学教育出版）

ライブラリ理学・工学系物理学講義ノート＝4
熱・統計力学講義ノート

2017年3月25日ⓒ　　初 版 発 行
2019年10月10日　　初版第3刷発行

著　者　森成隆夫　　　発行者　森平敏孝
　　　　　　　　　　　印刷者　小宮山恒敏

　　発行所　　株式会社　サイエンス社
〒151–0051　東京都渋谷区千駄ヶ谷1丁目3番25号
営　業　☎(03)5474–8500(代)　振替 00170–7–2387
編　集　☎(03)5474–8600(代)
FAX　☎(03)5474–8900

印刷・製本　小宮山印刷工業（株）
《検印省略》

本書の内容を無断で複写複製することは，著作者および出版社の権利を侵害することがありますので，その場合にはあらかじめ小社あて許諾をお求めください．

ISBN 978–4–7819–1397–1
PRINTED IN JAPAN

サイエンス社のホームページのご案内
http://www.saiensu.co.jp
ご意見・ご要望は
rikei@saiensu.co.jp　まで．